Leitfaden zur Konstruktion

von

Dynamomaschinen

und zur

Berechnung von elektrischen Leitungen.

Von

Dr. Max Corsepius.

Mit 23 in den Text gedruckten Figuren und einer Tabelle.

Zweite vermehrte Auflage.

Berlin.   1894.   **München.**

Julius Springer.   R. Oldenbourg.

Buchdruckerei von Gustav Schade (Otto Francke) Berlin N.

Vorwort zur ersten Auflage.

Im Anschluss an meine kürzlich erschienenen „Untersuchungen zur Konstruktion magnetischer Maschinen" sollen im Folgenden einige Rechnungen an Dynamomaschinen bekannter, verschiedener Formen durchgeführt werden zum Zwecke der Bestimmung der Dimensionen für beliebige Leistungen mit Hülfe einfacher algebraischer Gleichungen und behufs Ermöglichung eines Vergleiches der Eigenschaften der besprochenen Gattungen auf gleicher Grundlage.

Neben diesem der Konstruktion von Dynamos gewidmeten Theil soll eine einfache Berechnungsweise von elektrischen Leitungen erörtert werden, welche mit Hülfe einer Tabelle eine sehr schnelle, sichere und ökonomische Bestimmung der erforderlichen Querschnitte gestattet.

Nach solchen Gesichtspunkten ausgearbeitet, ist daher dieses Buch bestimmt, ein Hülfsmittel für den Techniker und besonders für den weniger geübten Konstrukteur zu bilden, obgleich auch für den Geübteren und auch den zur Beurtheilung fertiger Maschinen Berufenen der erwähnte Vergleich gebräuchlicher Dynamos von Interesse sein dürfte.

Aus Rücksicht auf die Einfachheit des Mitzutheilenden und eine bequeme Benutzung soll eine mässige Anlehnung an die Wirklichkeit als genügend erachtet, eine vollkommene Uebereinstimmung mit der Praxis daher nicht verlangt werden.

März 1891.

Dr. Max Corsepius.

Vorwort zur zweiten Auflage.

Obgleich bereits vor einem Jahre die Verlags-Buchhandlung an mich das Ansuchen gestellt hat, die Bearbeitung einer neuen Auflage vorzunehmen, war es mir aus verschiedenen Gründen nicht möglich, dieselbe früher zum Abschluss zu bringen, besonders deshalb, weil meine sonstige Beschäftigung in der Praxis mich zu sehr in Anspruch nahm. Die hierdurch eingetretene Verzögerung dürfte aber dem kleinen Werk insofern zum Vortheil gereicht haben, als es mir inzwischen noch möglich geworden ist, einige neue Berechnungsmethoden mit aufzunehmen.

An der vorliegenden Ausarbeitung sind gegen die frühere Fassung einige Verbesserungen angebracht, auch ist der engbegrenzte Rahmen des Buches etwas erweitert worden, ohne dass das frühere Princip einer aus Rücksicht auf die praktische Benutzung und Bequemlichkeit sehr knapp gehaltenen und kurzen Darstellungsweise aufgegeben ist.

Es sollte mich freuen, wenn, wie aus den ergangenen Anfragen und Bestellungen hervorzugehen scheint, das vorliegende kleine Werk einem Bedürfniss genügen sollte.

März 1894.

Dr. Max Corsepius.

Inhalt.

Einleitung.

Die Aufgabe, eine Dynamomaschine für eine beliebige
Leistung (Spannung, Stromstärke) zu konstruiren, erschien
noch vor wenigen Jahren insofern schwierig, als man im Allgemeinen darauf angewiesen war, erst ein Probemodell der betreffenden Maschinengattung zu bauen und aus den an diesem
Exemplar festgestellten Eigenschaften auf weitere Maschinen-
grössen derselben Art und auf anzubringende Verbesserungen
zu schliessen. Das Bestreben, die mit derartigen Versuchen
verknüpften Verluste an Zeit und Geld und die dabei zuweilen
auftretenden Enttäuschungen für den praktischen Dynamobauer
zu beseitigen, wurde erst von Erfolg gekrönt, als man anfing
an die Stelle der empirischen Abmessungen die exakte und in
ihrer Anwendung bequeme Anschauungsweise treten zu lassen,
welche den geschlossenen magnetischen Kreislauf und die
Analogie mit dem Ohm'schen Gesetz zur Grundlage hat.

Die von Kapp in seinem Tangentengesetz und die von
Hopkinson und Anderen in der Form von Magnetisirungskurven
gelieferten Daten ergaben bei ihrer Benutzung bereits, dass die
neue Betrachtungsweise gegenüber den früheren Anschauungen
über Magnetismus erhebliche Vortheile bietet. Allerdings stellte
sich in der Folge heraus, dass das Gesetz von Kapp immerhin
erhebliche Abweichungen von der Wirklichkeit erkennen liess,
und dass auch eine Reihe von Vernachlässigungen den Werth
der nach anderen Methoden gewonnenen Ergebnisse beein-
trächtigte.

Ich habe an anderen Orten, speciell in meinem Werke
„Untersuchungen zur Konstruktion magnetischer Maschinen[1])“

---

[1]) Julius Springer 1891.

die Versuche eingehend beschrieben, welche nach Klarlegung
der in früheren Beobachtungen und Rechenmethoden enthaltenen Vernachlässigungen und Irrthümer zu einer exakten
Grundlage und richtigen Methode für die Berechnung von
Dynamomaschinen geführt haben.

Die nachstehenden Erörterungen sind bestimmt, die verschiedene Art und Weise, in der man bei Konstruktion oder
Beurtheilung einer Dynamomaschine oder eines Theiles derselben vorgehen kann, in einfacher und einwandfreier Betrachtung darzulegen und somit zugleich eine übersichtliche
Nutzanwendung meiner früheren Arbeiten in gedrängter Form
zu bieten.

Es konnte hierbei nicht meine Absicht sein, ein sämmtliche
Einzelheiten des Dynamobaues in erschöpfender Weise behan-
delndes Werk zu schaffen, und zwar umsoweniger, als es bereits eine Reihe von Publikationen giebt, welche nach einer
gewissen Richtung hin diesem Bedürfnisse gerecht werden, und
deren Werth man keineswegs verkennen darf. Vielmehr war
es mein Bestreben, zwar eine Uebersicht über das Ganze zu
geben, eingehend jedoch nur die von mir durchgebildeten
Rechenmethoden zu besprechen, indem ich dabei zugleich die
Ansicht zum Ausdruck bringe, dass man Einzelheiten z. B. über
Wickelungsarten von Ankern und dergl. besser aus Special-
werken ersieht. Von einer Deduktion oder eingehenden Betrachtung der grundlegenden Gesetze ist demgemäss vollständig
Abstand genommen.

Wenn man die durch die Theorie gewonnenen Ergebnisse
in der Praxis benutzen will, so ist es nothwendig, die Grund-
regeln in einfacher Form stets zur Hand zu haben, um danach
mechanisch arbeiten zu können. Es sollen daher zunächst die
Gesetze der Wechselwirkung zwischen Magneten und Strömen
kurz zusammengestellt werden.

Die Gesetze des Magnetismus.

Der Magnetismus wird gemessen durch eine Zahl von Einheiten des C.G.Sek.-Systems[1]) und zwar Totalmagnetismus $= Z$ und Magnetismus pro Quadratcentimeter $= Z_{qcm}$.

Entsteht oder verschwindet in einer Sekunde der Magnetismus Z, so erzeugt er in einer ihn umgebenden Drahtwindung eine elektromotorische Kraft

$$E = \frac{Z}{10^8} \text{ Volt.}$$

Kehrt sich daher in einem Theile (Anker) einer Vorrichtung (Dynamo) der Magnetismus in der Minute n mal um, so wird in den um den betreffenden Theil (Anker) gelegten N Windungen eine elektromotorische Kraft inducirt

$$E = \frac{N \cdot n}{60} \cdot \frac{2\,Z}{10^8} \quad \text{oder} \quad E = \frac{N \cdot n \cdot Z}{30 \cdot 10^8} \text{ Volt} \quad . \ . \ \text{I.}$$

Der ruhende (dauernde) Magnetismus (Schenkelmagnetismus) wird erzeugt durch von Strom durchflossene Windungen. Je grösser die magnetisirende Kraft, d. h. das Produkt von Windungszahl mal Stromstärke (in Ampère) — oder die Ampèrewindungen — desto stärker ist in derselben Vorrichtung der Magnetismus. Jede Verstärkung des erregenden Stromes erhöht den Magnetismus, jedoch ist der Grad der Verstärkung nicht proportional der Stromvergrösserung, ausser bei Abwesenheit von Eisen.

Die Zunahme des Magnetismus für (massives) Schmiedeeisen, Gusseisen und Stahl zeigen die Kurven A, B und C (Fig. 1). Man kann aus denselben ersehen, wie viel Ampèrewindungen zur Erzeugung eines gewissen Magnetismus pro Quadratcentimeter $= Z$ qcm, für jedes Centimeter Kraftlinienlänge im Eisen, nothwendig sind, und zwar im Mittel, bei Verwendung von gutem Material.

Die Werthe sind auch in der folgenden Tabelle zusammengestellt.

---

[1]) Ich vermeide absichtlich den unlogischen Ausdruck Anzahl Kraftlinien.

Magnetismus $Z\,qcm$ pro Quadrat- centimeter	Gusseisen	Stahl	Schmiedeeisen
	Ampèrewindungen pro Centimeter		
2000	2,4	10,5	1,95
3000	3,8	12,6	2,5
3500	4,9	13,5	2,7
4000	6,4	14,4	2,95
4500	8,3	15,3	3,2
5000	10,8	16,2	3,4
5500	13,8	17,2	3,65
6000	17,4	18,3	3,95
6500	21,8	19,5	4,3
7000	26,8	20,7	4,65
7500	32,7	22,1	5,1
8000	39,7	23,5	5,6
8500	48,6	25,0	6,2
9000	58,0	26,5	6,8
10000	--	30,4	8,4
11000	—	36,0	10,4
12000	—	44,3	13,1
13000	—	58,4	16,8
14000	—	—	22,2
15000	—	—	33,4
16000	—	—	51,5

Je höher das specifische Gewicht s, desto besser im Allgemeinen das Material. Den Kurven liegen zu Grunde die Werthe:

Schmiedeeisen $s = 7{,}72$
Gusseisen $s = 7{,}34$
Stahl $s = 7{,}82$.

Für den Magnetismus der Luft gilt: Ampèrewindungen pro cm Länge

$$A_{cm} = 0{,}8 \cdot Z_{qcm} \quad \ldots \ldots \ldots \text{II.}$$

Um die für eine vollständige Vorrichtung nothwendige Anzahl Ampèrewindungen zu finden, hat man Z_{qcm} für jeden Theil einzeln festzustellen und die zugehörigen Werthe A_{cm} multiplicirt je mit der Kraftlinienlänge in dem betreffenden Theil (gemessen nach cm) zu einer Summe zu vereinigen. Im Allgemeinen ist nicht nur Z_{qcm}, sondern auch Z an den verschiedenen Stellen des magnetischen Kreislaufes innerhalb der Vorrichtung verschieden (Kraftlinienstreuung).

Für eine Gleichstrom-Dynamomaschine gelten nach Obigem folgende Gleichungen.

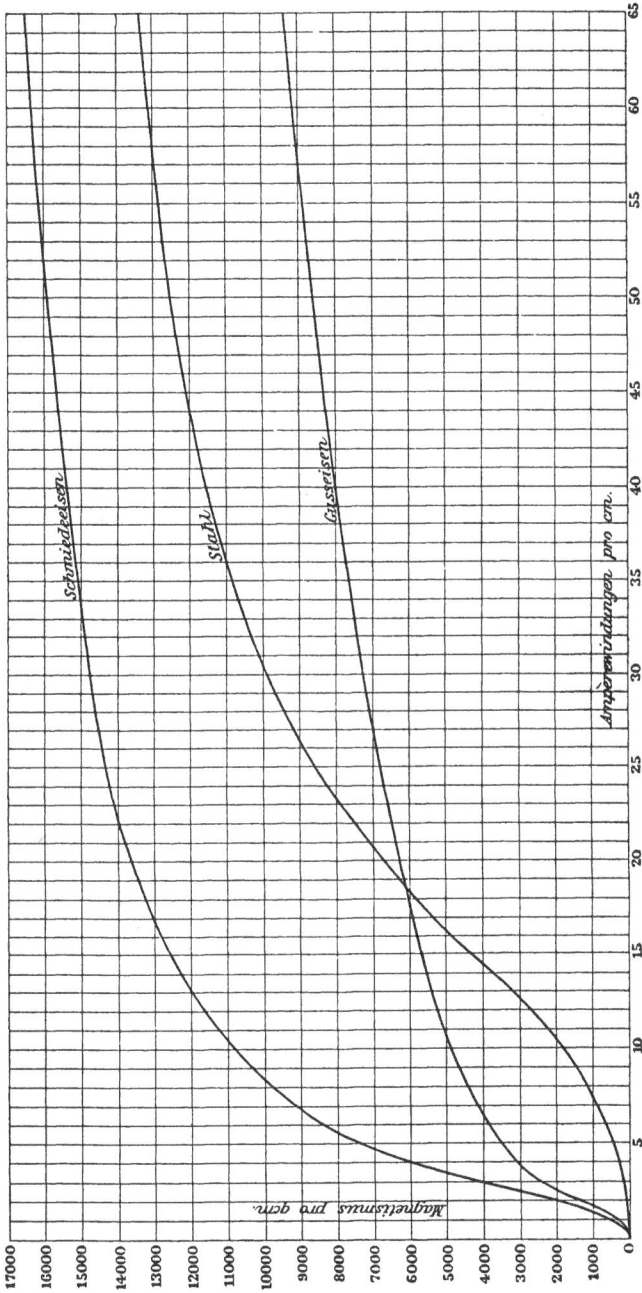

Fig. 1.

Geht durch eine Ankerwindung (d. h. bei Trommelanker durch den Gesammtankerquerschnitt, beim Ring durch den einfachen Ringquerschnitt) der Magnetismus Z_a hindurch, so ist bei der Gesammtwindungszahl N, der Tourenzahl n die elektromotorische Kraft (Spannung zwischen den Bürsten + Spannungsverlust im Ankerdraht)

$$E = \frac{N \cdot n \cdot Z_a}{30 \cdot 10^8} \text{ Volt.} \quad . \quad . \quad . \quad . \quad . \quad \text{III.}$$

Oder, wenn zwischen zwei Polmitten die Windungszahl N_e liegt und p die Polzahl bedeutet

$$E = \frac{N_e \cdot p \cdot n \cdot Z_a}{30 \cdot 10^8} \text{ Volt.} \quad . \quad . \quad . \quad . \quad \text{IV.}$$

Ist der Anker und die Tourenzahl gegeben, so folgt umgekehrt

$$Z_a = \frac{30 \cdot E \cdot 10^8}{N \cdot n} \quad . \quad . \quad . \quad . \quad . \quad . \quad \text{V.}$$

oder

$$= \frac{30 \cdot E \cdot 10^8}{N_e \cdot p \cdot n} \cdot \quad . \quad . \quad . \quad . \quad . \quad \text{VI.}$$

Der Gesammtmagnetismus pro magnetischen Kreislauf $= Z_s$ im Schenkel ist stets grösser als Z_a in Folge der Kraftlinienstreuung. Bei guten Maschinen ist der mittlere Schenkelmagnetismus in jeder Schenkelspule zu setzen:

$$Z_s = 1{,}08 \cdot Z_a \quad (\text{bis } Z_s = 1{,}15 \, Z_a). \quad . \quad . \quad . \quad \text{VII.}$$

Sind die Längen der Kraftlinienstücke
$\quad l_a$ im Anker,
$\quad l_l$ in der Luft (Eisenabstand),
$\quad l_s$ in den Schenkeln,
und ist ferner der Totalstrom der Maschine $= J$ oder der Strom pro Windung J_e, so ist die erforderliche Zahl Ampèrewindungen

$$A = l_a \cdot A_{a_{(cm)}} + l_l \cdot 0{,}8 \cdot Z_{l_{qcm}} + l_s \cdot A_{s_{(cm)}} + \frac{R \cdot N \cdot J}{p^2} \quad \text{VIII.}$$

oder auch:

$$A = l_a \cdot A_{a_{(cm)}} + l_l \cdot 0{,}8 \cdot Z_{l_{qcm}} + l_s \cdot A_{s_{(cm)}} + R \cdot N_e \cdot J_e. \quad \text{IX.}$$

Hierin sind A_a und A_s die der Kurventafel entnommenen, zu den betreffenden Z_{qcm} gehörigen Werthe der Ampèrewin-

dungen pro Centimeter, $Z_{l_{qcm}}$ der Magnetismus pro Quadratcentimeter im Spielraum und R ein variabler Faktor kleiner als 1,
der die entmagnetisirende Rückwirkung des Ankerstromes dar-
stellt und im Allgemeinen der Sicherheit wegen zu setzen ist

$$R = 0,6,$$

bei einzelnen Modellen jedoch kleiner ausfällt. Das Glied
$l_a \cdot A_{a_{(cm)}}$ ist meist zu vernachlässigen.

Zweckmässig ist in Dynamos $Z_{a_{qcm}} = $ ca. 10000
und $Z_{s_{qcm}} = $ ca. 4000 bis 9000
(bei Gusseisen)
oder $Z_{s_{qcm}} = 7000$ bis 10000
(bei Stahl).

Die Ermittelung der für das Eisen erforderlichen Ampèrewindungen kann auch durch folgende Rechnung geschehen.

Es gilt allgemein:

$$A = \varSigma Z \cdot w. \quad \ldots \ldots \ldots \quad \text{X.}$$

Und

$$w = \frac{l}{q} \cdot c \cdot \varrho. \quad \ldots \ldots \ldots \quad \text{XI.}$$

Für Schmiedeeisen ist

$$c = 0,00115,$$

für Gusseisen

$$c = \frac{1}{115},$$

für Stahl

$$c = 0,00344,$$

für die Luft

$$c = 0,8 \quad (\varrho = 1),$$

ϱ ist aus den folgenden Tabellen zu entnehmen und zwar
ist für jeden Theil gesondert der Sättigungsgrad σ zu bestimmen.

Es ist im Mittel σ für Schmiedeeisen

$$\sigma = \frac{Z}{q \cdot 25000},$$

für Gusseisen

$$\sigma = \frac{Z}{q \cdot 20000},$$

für Stahl

$$\sigma = \frac{Z}{q \cdot 23000}.$$

Hierbei ist q jedesmal der betreffende Querschnitt.

Schmiedeeisen.

σ	0,025	0,05	0,075	0,1	0,125	0,150	0,175	0,2	0,225	0,25
ϱ	1,455	1,038	0,887	0,792	0,718	0,667	0,626	0,602	0,585	0,577

σ	0,275	0,3	0,325	0,35	0,375	0,4	0,425	0,45	0,475	0,5
ϱ	0,577	0,588	0,607	0,639	0,679	0,722	0,780	0,840	0,908	1,000

σ	0,525	0,55	0,575	0,6	0,625	0,65	0,675	0,7	0,75	0,8
ϱ	1,102	1,233	1,438	1,717	2,130	2,760	3,638	4,677	7,90	13,50

Gusseisen.

σ	0,05	0,1	0,125	0,15	0,175	0,2	0,225	0,25	0,275
ϱ	0,177	0,138	0,137	0,147	0,167	0,193	0,224	0,266	0,313

σ	0,3	0,325	0,35	0,375	0,4	0,425	0,45	0,475	0,5
ϱ	0,366	0,422	0,485	0,549	0,627	0,707	0,793	0,894	1,000

σ	0,525	0,55	0,575	0,6	0,625	0,65	0,675	0,7
ϱ	1,151	1,339	1,559	1,813	2,138	2,480	2,847	3,228

Stahl.

σ	0,05	0,1	0,15	0,2	0,25	0,3	0,35	0,4
ϱ	1,983	1,427	1,127	0,973	0,890	0,880	0,853	0,857

σ	0,45	0,5	0,55	0,6	0,65	0,7	0,75
ϱ	0,867	1,000	1,210	1,543	2,150	3,383	5,460

Für eine Dynamo gilt danach

$$A = (w_a + w_l) Z_a + w_s \cdot Z_s + R \cdot N_e \cdot J_e. \quad . \quad . \quad . \text{ XII.}$$

Statt

$$A = \Sigma Z \cdot w = \Sigma Z \frac{l}{q} \cdot c \cdot \varrho$$

kann man auch schreiben

$$A = \Sigma Z_{qcm} \cdot l \cdot c \cdot \varrho.$$

Sind zwei Kraftlinienwege von den Widerständen w_1 und w_2 (z. B. zwei Luftstrecken) parallel geschaltet, so ist ihr gemeinsamer Widerstand

$$w = \frac{w_1 \cdot w_2}{w_1 + w_2}. \quad . \quad . \quad . \quad . \quad . \text{ XIII.}$$

Für Wechselstrommaschinen gelten dieselben Beziehungen, jedoch mit der Beschränkung, dass von der Form der Induktionskurve bei gleichem Magnetismus die Leistung der Maschine wesentlich abhängt, und dass mit den besonderen Verhältnissen der Maschine sich deren Eigenschaften ändern. Die Formeln besitzen daher nicht allgemeine Gültigkeit, sondern es ändern sich die darin enthaltenen Konstanten je nach der Ausführungsart der Maschine. Die theoretisch am einfachsten zu behandelnde Sinuskurve findet sich sowohl für die Spannung als den Strom sehr selten und am allerwenigsten bei den besten Maschinen. Es kann im Allgemeinen gesetzt werden

$$Z_a = \frac{30 \cdot E \cdot 10^8}{0{,}6 \cdot N \cdot n}.$$

Der Faktor 0,6 ist event. abzuändern. Die Kraftlinienstreuung ist bei Wechselstrommaschinen bei gleicher Disposition meist erheblich grösser als bei Gleichstrom-Dynamos und ändert sich innerhalb jeder Periode; sie ist am grössten zur Zeit des Strommaximums. Ein Transformator nimmt angenähert den Maximal-Magnetismus an

$$Z = \frac{E \cdot 10^8}{2 \cdot N \cdot p \cdot 1{,}1},$$

worin $p =$ Wechselzahl pro Sekunde ist und E und N für dieselbe Wickelung (primäre oder sekundäre) gelten. Bei demselben ist zweckmässig $Z_{qcm} = $ ca. 4000 bis 5000, doch ist der günstigste Magnetismus von der Verwendungsart abhängig.

In dem Anker jeder Dynamomaschine, bei Wechselstrom-
maschinen auch mehr oder weniger in den Schenkeln, sowie
in Transformatoren, überhaupt in jedem Maschinentheil, dessen
Magnetismus sich häufig ändert, wird eine gewisse Energie verbraucht.   Der Verlust wird zum Theil dadurch bedingt, dass
in dem Eisen Foucault-Ströme entstehen, zum Theil durch die
mit dem Namen Hysteresis belegte Arbeit der Ummagnetisirung.   Die Hysteresis pro Cyklus und cbcm Eisen folgt nach
Steinmetz in absolutem Maass ausgedrückt dem Gesetze

$$V = \eta \cdot B^{1,6} \quad [B = Z\,qcm].$$

Oder es gehen pro kg Eisen an Watt verloren, wenn p Pol-
wechsel pro Sekunde stattfinden, und $s =$ spec. Gewicht

$$V = \frac{p \cdot \eta \cdot B^{1,6}}{2 \cdot s \cdot 10\,000} \text{ Watt.}$$

Der Faktor η hängt von der Qualität des Eisens ab und
kann im Mittel gesetzt werden $= 0{,}0033$.

Die verschiedenen Grundtypen von Gleichstrom-Maschinen.

In der Mannigfaltigkeit der im Dynamobau vorhandenen
Formen erkennt man eine beschränkte Anzahl von Grundtypen,
auf welche sich alle zweckmässig ausgeführten Konstruktionen
zurückführen lassen.   Im Folgenden sollen die Unterschiede
dieser Typen festgestellt werden.

Es ist schon öfters und von verschiedenen Seiten darauf
aufmerksam gemacht worden, dass ein Vergleich zweier elektrischer Maschinen, welche aus verschiedenen Fabriken hervor-
gegangen sind, sich sehr schwer durchführen lässt.   Mehrere
Gründe gestatten einen vollkommenen Vergleich im Allgemeinen
nicht, wenn aber der Vergleich nicht vollkommen ausfällt, besitzt er eben nur bedingten Werth.   Abgesehen von äusseren
Eigenschaften, welche in der Form, Raumbeanspruchung, dem
Gewicht, leichter Zugänglichkeit für Bedienung und Repara-
turen, gegen Beschädigung schützendem Bau etc. begründet
sind, und welche von dem Techniker beurtheilt werden können,
und abgesehen vom Preise, welcher von dem Abnehmer in

Rücksicht gezogen werden kann, bleiben nur die elektrischen und magnetischen Eigenschaften für den Vergleich.

Ein Abwägen dieser Punkte jedoch bei zwei beliebigen Maschinen gegeneinander ist aus dem Grunde ganz unmöglich, weil die Fabriken bei Herstellung ihrer Dynamos nicht nur verschiedene Formen anwenden, sondern weil auch jeder Konstrukteur seine eigenen Normen über Wirkungsgrad, Beanspruchung durch Wärmewirkung und Fähigkeit der Maschine, mehr als vorgeschrieben zu leisten, zu Grunde legt.

Wenn wir demnach einen richtigen Vergleich zwischen mehreren Anordnungsarten bei Dynamos anstellen wollen, so dürfen wir nicht — wenigstens nicht, ohne dass sich Identität der Bedingungen nachweisen lassen sollte — beliebige Exemplare von Maschinen wählen, sondern müssen uns erst solche verschiedener Art unter Zugrundelegung von bestimmten Normen konstruiren. Es hängt daher mit obiger Aufgabe diejenige eng zusammen, Mittel und Wege zu schaffen, um Dynamos bekannter Formen für jede Leistung, jeden Wirkungsgrad, jede Beanspruchung mit Leichtigkeit ausführen zu können.

Durch die im vorigen Abschnitt besprochenen Untersuchungen über die magnetischen Eigenschaften des Eisens sind wir in den Stand gesetzt, die Grundlagen für den Vergleich festzulegen und durch Rechnung die einzelnen Theile und Faktoren einer Maschine zu bestimmen. Wollte man jedoch die oben ausgesprochene Aufgabe in ihrer ganzen Ausdehnung zu lösen versuchen, so würde man bald in Verlegenheit kommen, da eine allgemeine Lösung ohne jede Voraussetzung nicht möglich ist.

Die Ansprüche aber, welche man neuerdings an die Güte einer elektrischen Maschine stellt, sind so bestimmte, dass es uns gestattet sein dürfte, ganz genaue Voraussetzungen über den Wirkungsgrad sowie die Beanspruchung des Materials zu machen.

Es sollen daher im Folgenden möglichst allgemein gefasste Berechnungen von Gleichstrom-Maschinen durchgeführt werden, im Verlaufe derselben wird jedoch die Einführung eines zahlenmässig festgesetzten Wirkungsgrades, sowie die der Voraussetzung nothwendig werden, dass die Maschinen im Stande sein sollen, eine Steigerung der Leistung ohne Schwierigkeit zu gestatten.

Es ist sehr wichtig, sich den Einfluss dieser Bedingungen

von vornherein klar zu machen und denselben im späteren vor
Augen zu behalten, denn man kann an der Hand dieser Ein-
sicht leicht erkennen, dass die Verhältnisse sich mit dem Wirkungsgrade und mit der Beanspruchung in so hohem Grade
ändern, dass Vergleiche von Dynamos von verschiedenem
Wirkungsgrade und verschiedenem Grade der Beanspruchung
auf Leistung, wie solche in manchen Zeitschriften angestellt
werden, eher geeignet sind, die Thatsachen zu verdunkeln, als
zu beleuchten. Ein Hauptfehler jener Zusammenstellungen ist
es, dass auf die Grösse der Maschinen häufig gar keine Rücksicht
genommen wird. Es ist nun aber üblich — ob mit oder ohne
Grund, ist eine Frage für sich — den Maschinen für geringere
Leistungen einen kleineren Wirkungsgrad zu geben, als denjenigen für höhere Leistung; deswegen sind aber schon Vergleiche ohne Rücksicht auf die absolute Leistung unzulässig.

Wir werden den nachstehenden Rechnungen einen durch-
weg gleich hoch gehaltenen elektrischen Wirkungsgrad zu
Grunde legen. Ob es gerechtfertigt ist, dies zu thun, dafür
kommt folgender Umstand in Betracht.

Es ist durchaus möglich, auch kleinere Maschinen von
hohem, elektrischem Wirkungsgrade zu bauen. Zweierlei aber
ist die Folge dieser Ausführung. Die Maschinen für kleine
Leistung werden nicht so viel kleiner und noch weniger so
viel billiger als diejenigen höherer Leistung, wie dies jetzt
üblich ist, und ausserdem fällt die Tourenzahl grösser aus.
Der ausschlaggebende Faktor wird im Allgemeinen der Preis
sein; wir finden aus diesem Grunde kleine Maschinen mit wirk-
lich hohem Wirkungsgrade sehr selten, obgleich für Zwecke
der Kraftübertragung gerade kleine Motoren (Dynamos) hauptsächlich verwendbar sind, und ein schlechter Wirkungsgrad
sich in diesem Falle immer rächt.

Wegen dieser nur auf den Preis gestützten Begründung
mag es gerechtfertigt erscheinen, wenn wir hier von allen
Maschinen denselben elektrischen Wirkungsgrad von etwa 0,9
verlangen werden. Einen Vergleich der verschiedenen Konstruktionen werden wir dann auf Grund einer mittleren Maschinengrösse durchführen.

Bezüglich der Beanspruchung auf Wärme wird die Rechnung noch freie Hand lassen, insofern die Anzahl Ampère pro

Quadratmillimeter Drahtquerschnitt im Anker beliebig einge-
setzt werden kann. Es ist jedoch hierbei zu berücksichtigen,
dass, wie hinreichend bekannt, die Beanspruchung in Folge der
Wärmewirkung nicht durch die Belastung des Drahtes durch
Ampère pro Quadratmillimeter gemessen wird. Setzen wir
aber fest, dass der Anker bei der hier in Frage kommenden
mittleren Spannung stets nur eine Drahtlage (oder deren Aequi-
valent) erhält, so wird jede der hier zu besprechenden Arten
nahezu gleich stark beansprucht werden, falls die Ampère-Be-
lastung des Drahtes gleich gross gewählt wird, denn wir haben,
streng genommen, bei Dynamoankern nicht mehr einzelne
Drähte, sondern kühlende Ankeroberflächen zu betrachten. Es
darf hierbei nicht übersehen werden, dass man nur dann eine
Berechtigung hat, von nur einer Drahtlage zu sprechen, wenn
der Draht rund ist. Wendet man Façondraht an, so kann man
jede beliebige Disposition erhalten, die Bezeichnung „eine Drahtlage" verliert daher dann vollkommen ihre Bedeutung.

Für die magnetische Beanspruchung diene uns endlich die
Forderung als Bedingung, dass es sich um gewöhnliche Dynamos von beispielsweise 110 Volt Klemmenspannung handle,
welche jedoch so gebaut sein sollen, dass sie noch ein nam-
haftes Mehr an Spannung bei geringerer Stromstärke hergeben
können zum Laden von Akkumulatoren oder zur Speisung von
Fernleitungen in städtischen Leitungsnetzen, welche mit hohem
Verlust berechnet sind.

Sättigungsgrade des Eisens, wie dieselben in früherer Zeit
zuweilen angenommen sind, nämlich ein Magnetismus 14 000
pro Quadratcentimeter bei Schmiedeeisen und 10000 bei Guss,
sind daher in unserem Falle als unanwendbar auszuschliessen.
Vielmehr wird sich, aus Betrachtungen der magnetischen Wider-
standskurven abgeleitet und in der Praxis bestätigt, eine normale Ankersättigung von etwa $\sigma = 0,4$ und eine Schenkel-
sättigung von etwa $\sigma = 0,3$ empfehlen. Dieser Werth darf bei
Zwischenlegung von Eisen zwischen die Ankerwindungen, z. B.
Nuthenanker, etwas erhöht werden, da in diesem Falle die Kraftlinienstreuung geringer ausfällt.

Die gebräuchlichen Formen der besseren Dynamos lassen
sich, wie oben erwähnt, in wenige Unterabtheilungen theilen, falls
man kleinere Unterschiede unbeachtet lässt, welche nur äusser-

licher Natur sind. Es sollen daher behandelt werden: Maschine
Lahmeyer'scher Form (Gebr. Naglo etc.), und zwar mit Quadrat-
oder länglicher Trommel ohne und mit Nuthen; Ringmaschine
mit Aussenpolen nach Art der Beringer'schen Anordnung mit
Nuthen oder Lochanker (O. L. Kummer & Co.); Trommel-
maschine ohne Nuthen mit Hufeisenmagnet, Form Edison,
Siemens & Halske, Kapp etc.; Innenpolmaschine, Form Siemens
& Halske etc.

Die nahezu bekannten Kraftlinienstreuungen sollen in Procenten des Maximums gesetzt werden für Lahmeyer $S = 15$
ohne Nuthen, $S = 12$ mit Nuthen; Aussenpolringmaschine $S = 12$
bis 15; Hufeisenmagnet mit Trommel $S = 20$; Innenpole $S = 20$.

Der Gang der Rechnung wird der folgende sein. Die Bestimmung über die Belastung des Ankerdrahtes giebt die Drahtdicke, der elektrische Wirkungsgrad den Widerstand der Ankerwickelung; dadurch ist die Trommel bestimmt, mit Hülfe üb-
licher oder zweckmässiger Normen. Die Trommelgrösse bestimmt den Gesammtmagnetismus und die Schenkel (diese
nahezu). Daraus folgt die Tourenzahl. Der Luftwiderstand
ergiebt sich aus den Dimensionen; das Verhältniss von Eisen-
zu Luftwiderstand ist empirisch festgestellt. Unter Einführung
eines Sicherheitsfaktors folgt hieraus die Anzahl der erforderlichen Ampèrewindungen. Die Schenkelwickelung (Nebenschluss)
ist nach dem elektrischen Wirkungsgrade und den Ampèrewindungen, sowie der Schenkeldicke zu berechnen. Dabei ist
jedoch zu bedenken, dass die genannte Normirung der Neben-
schlussdimensionen die Belastung des Nebenschlussdrahtes eine
zufällige Grösse werden lässt, es demnach ebenso gut vorkommen kann, dass der Draht sehr schwach, wie dass er
überbelastet wird.

Gegen jene übrigens nicht nachtheilige Eigenschaft lässt sich
nichts machen (ausser durch Verschlechterung des Wirkungsgrades, was hier ausgeschlossen ist); dieser Fall zwingt uns
jedoch, falls die Beanspruchung des Drahtes ein gewisses Maass
überschreitet, den Wickelungsraum zu vergrössern; der Drahtdurchmesser für den Nebenschluss bleibt unter Beibehaltung
der Wickelhöhe derselbe. Bei mässiger Spulengrösse ist eine
Belastung mit 2 bis 3 Ampère pro Quadratmillimeter zweckmässig, eine Belastung unter 2 Ampère ist nicht immer vor-

theilhaft, da die Spule dabei viel grösser wird, ein Umstand, der die Temperatur oft mehr erhöht als eine starke Belastung. Durch Anbringen von Löchern in den Manschetten und durch einen dunklen, matten Anstrich kann man ausserdem wesentlich helfen, indem die „äussere" Wärmeleitungsfähigkeit blankes Metall für die Manschetten am ungeeignetsten erscheinen lässt.

Die Grösse des Wickelraumes für Compound-Maschinen oder für direkte Wickelung ist natürlich dieselbe wie für Nebenschluss.

Eine Ungenauigkeit steckt in der Grösse des Eisenwiderstandes, da das Verhältniss desselben zum Luftwiderstande nicht bei jeder Maschinengrösse dasselbe ist; doch ist dieser Einfluss nicht von Belang, da eine Nachrechnung der durch die Gleichungen gegebenen Maschine und kleine Aenderungen an derselben leicht durchgeführt werden können und wir ohnehin einen Ueberschuss an Ampèrewindungen aufwenden. Das Verhältniss selbst aber ist einer mittleren Grösse entnommen. Unter den gemachten Voraussetzungen wird es auch nöthig sein, den kleineren Maschinen wegen der zu grossen Breite der Schenkelspulen entweder angesetzte Polenden (Fig. 3) oder, ohne solche, eine höhere Tourenzahl zu geben (Fig. 8), oder noch einfacher die Nebenschlussdrahtstärke etwas grösser als berechnet zu nehmen.

Wird beabsichtigt, den unter Benutzung der mitgetheilten Methode zu konstruirenden Maschinen eine höhere magnetische Sättigung zu geben, indem man auf eine Mehrleistung verzichtet, so hat man nur nöthig, in der Aufstellung der Gleichungen die betreffenden Faktoren zu ändern, muss jedoch bedenken, dass sehr bald eine Grenze erreicht ist, weil die Streuung dabei wächst. Der Kupferaufwand nimmt dadurch natürlich stark zu. Dasselbe erreicht man zum Theil, indem man die Maschinen so viel langsamer laufen lässt, als der vorhandene Ueberschuss an Ampèrewindungen gestattet.

Das Methodische der hier durchgeführten Rechnung dürfte sich darin ausprägen, dass die nach derselben erhaltenen Maschinen derselben Form alle unter gleichen magnetischen Bedingungen arbeiten, die Tourenzahl daher als etwas Sekundäres erscheint, und dass jede Maschine die kleinste, unter jenen Bedingungen herstellbare ist.

Will man nun eine geringere Tourenzahl bei demselben elektrischen Wirkungsgrade erhalten, so ist für die Belastung des Ankerdrahtes eine kleinere Zahl einzusetzen.

Daraus folgt aber, dass bei denjenigen Maschinen gleicher Art, welche in der Praxis bei gleichem Materialaufwand mit geringerer Tourenzahl laufen sollen oder laufen, jene Tourenzahl nur durch einen geringeren elektrischen Wirkungsgrad erkauft werden kann.

Die Tourenzahl verdient überhaupt nicht die Berücksichtigung, welche man derselben jetzt gewöhnlich angedeihen lässt. Nur sobald direkte Kuppelung mit dem Motor verlangt wird, ist sie entscheidend. Hierüber soll uns eine kritische Betrachtung der gewonnenen Ergebnisse am Schlusse dieses Abschnittes sowie im Kapitel über Hysteresis belehren, indem wir die auf dieser für alle Formen gleichen Grundlage gewonnenen, wie man sagen könnte, natürlichen Tourenzahlen vergleichen.

Lahmeyer: Quadrattrommel ohne Nuthen.

Seite a.　Eine Drahtlage.

Auf ein Kollektorsegment entfallen für gewöhnlich mehrere (2 bis 3) Windungen des Ankerdrahtes. Unter Berücksichtigung dieses Umstandes und der praktischen, durch die Anhäufung der Drähte an der Achse und durch die Zuführungen zum Kollektor bedingten Grössenverhältnisse finden wir die Länge einer Windung im Mittel

$$l = 5\,a.$$

Inducirende Drahtlänge, wenn N Windungen

$$L = \frac{N \cdot 5\,a}{2}\,.$$

Alle *Maschinendimensionen* messen wir in sämmtlichen zu besprechenden Fällen, wie üblich, in *Millimeter*. Wenn daher q Querschnitt, g Durchmesser des nackten, g' des besponnenen Drahtes, $\varkappa$ Leistungsfähigkeit des warmen Drahtes (im konventionellen Maasssystem bezogen auf m, qmm, Ohm), so ist die Anzahl der Windungen

$$N = \frac{\pi\,a}{2\,g'}\,,$$

und der Widerstand des Ankers

$$w_a = \frac{L}{2\,q \cdot \varkappa \cdot 1000} \quad \text{oder, da} \quad q = \frac{\pi\,g^2}{4}$$

$$= \frac{N\,5\,a \cdot 2}{2\,\pi\,g^2 \cdot \varkappa \cdot 1000}$$

$$= \frac{\pi\,a^2 \cdot 5}{\pi\,g^2 \cdot \varkappa \cdot 1000 \cdot 2\,g'} \cdot$$

Setzen wir das Verhältniss des Drahtdurchmessers mit Bespinnung zu dem Durchmesser des nackten Drahtes

$$\frac{g'}{g} = \alpha,$$

so wird

$$w_a = \frac{a^2}{\varkappa \cdot g^3 \cdot 400 \cdot \alpha},$$

woraus folgt

$$a^2 = 400 \cdot w_a \cdot \varkappa \cdot \alpha \cdot g^3.$$

Nehmen wir weiter die Belastung des Ankerdrahtes zu
β Ampère pro Quadratmillimeter an, so ist, falls J der Ankerstrom,

$$\frac{\pi\,g^2}{4} \cdot \beta = \frac{J}{2},$$

folglich

$$g^2 = \frac{2\,J}{\pi\,\beta} \cdot$$

Die Länge der Polfläche, gemessen längs der Peripherie
der Trommel, ist zu nehmen

$$\sim \frac{5}{4}\,a,$$

so dass der Querschnitt der Luft für die Kraftlinien wird

$$q_l = \frac{5}{4}\,a^2.$$

Das magnetische Feld erhält zweckmässig den Magnetismus
etwa 4000 pro Quadratcentimeter, folglich beträgt gemäss der
Angabe der Dimensionen in Millimeter der Gesammtmagnetismus
im Anker

$$Z_a = \frac{5}{4}\,a^2 \cdot 40 = 50\,a^2.$$

Die Sättigung der Schenkelenden wird $\sigma_s = 0{,}25$.

Die im Anker inducirte elektromotorische Kraft finden wir zu:

$$E = \frac{n \cdot N \cdot Z_a \cdot 2}{60 \cdot 10^8},$$

wo n die Tourenzahl bedeutet.

Hieraus ergiebt sich

$$n = \frac{30 \cdot 10^8 E}{N \cdot Z_a}$$

und nach obigem Ausdruck für Z_a

$$n = \frac{30 \cdot 10^8 \cdot E}{N \cdot 50\, a^2}$$

und weiter

$$n = \frac{30 \cdot 10^8 \cdot E \cdot 2\, g'}{50\, a^2 \cdot \pi\, a}$$

$$n = 120\,000\,000 \, \frac{E\, g'}{\pi\, a^3}$$

oder

$$n = 120 \cdot \frac{E \cdot g'}{\pi \cdot \left(\dfrac{a}{100}\right)^3}.$$

Wir haben nun noch besondere Festsetzungen über den elektrischen Wirkungsgrad einzuführen. Bei einer guten Maschine darf derselbe bei voller Belastung nicht unter 0,9 sein. Wir bestimmen daher, dass sein soll der Widerstand des Ankers

$$w_a = \frac{0{,}06\, E_p}{J},$$

der Strom im Nebenschluss (Nebenschlussmaschine)

$$J_n = 0{,}03\, J.$$

Bei dieser Anordnung gehen etwa 6 % der Energie im Anker, 3 % im Schenkel verloren.

Der Widerstand des Nebenschlusses ergiebt sich

$$w_n = \frac{E_p}{0{,}03\, J}.$$

Die mittlere Windungslänge der Schenkelwickelung kann ausgedrückt werden durch

$$l_n = 4\,a \cdot \gamma,$$

wobei $\gamma = 1{,}3$ bis $1{,}5$ zu setzen ist.

Sind A Ampèrewindungen erforderlich, so erhalten wir die Windungszahl

$$W = \frac{A}{J_n} = \frac{A}{0{,}03\,J}\,.$$

Die Höhe der Wickelung sei h, die Breite jeder Spule b, so ist

$$W = \frac{2\,b \cdot h}{g_n'^2},$$

g_n' Dicke des besponnenen Nebenschlussdrahtes.

Folglich, wenn $g_n' = a_1\,g_n$, ist

$$\boldsymbol{b = \frac{W \cdot g_n{}^2 \cdot \alpha_1{}^2}{2\,h} = \frac{A \cdot g_n{}^2 \cdot \alpha_1{}^2}{0{,}06 \cdot J \cdot h}} \quad (h = 0{,}3\,a).$$

Der Widerstand des Nebenschlusses lässt sich weiter ausdrücken

$$w_n = W \cdot \frac{l_n}{1000}\,\frac{4}{\pi\,g_n{}^2 \cdot \varkappa},$$

es war aber auch

$$w_n = \frac{E_p}{0{,}03\,J},$$

folglich wird

$$\frac{E_p}{0{,}03\,J} = \frac{A}{0{,}03\,J} \cdot \frac{4\,a\,\gamma \cdot 4}{1000 \cdot \pi\,g_n{}^2\,\varkappa}$$

$$\boldsymbol{g_n{}^2 = \frac{A \cdot 16\,a\,\gamma}{1000\,\pi\,E_p \cdot \varkappa}} \quad (\gamma = 1{,}4).$$

Zur Berechnung der aufzuwendenden Ampèrewindungen, welche in obigen Ausdrücken vorkommen, haben wir annähernd

$$A = Z_a \cdot (w_l + w_e \cdot F_s) + \frac{N}{8} \cdot J,$$

2*

wobei der Faktor F_s von der Streuung herrührt,

$$= 50\, a^2\, (w_l + w_e \cdot F_s) + \frac{N}{8} \cdot J.$$

Setzen wir voraus, dass das Eisen der Trommel mit 1,5 *mm* dicker Isolation (Pressspahn, Leinwand etc.) belegt wird, und dass 2,5 *mm* Luftzwischenraum zwischen Anker und Schenkel genügen, so wird der Eisenabstand $g' + 4$ und somit der magnetische Luftwiderstand

$$w_l = 0{,}8 \cdot \frac{(g' + 4) \cdot 2 \cdot 10}{\frac{5}{4}\, a^2} = \frac{64\,(g' + 4)}{5\, a^2} = \frac{12{,}8\,(g' + 4)}{a^2},$$

und da annähernd gesetzt werden kann:

$$F_s \cdot w_e = 0{,}4\, w_l,$$

unter Einführung eines Sicherheitsfaktors 1,25 für die Steigerung der Spannung

$$A = 1{,}25 \cdot 50 \cdot a^2 \cdot 1{,}4 \cdot \frac{12{,}8\,(g' + 4)}{a^2} + \frac{N}{8} \cdot J$$

$$\boldsymbol{A = 1100\,(g' + 4) + \frac{N}{8} \cdot J.}$$

Berechnung einer Quadrattrommelmaschine.

(Fig. 2 u. 3.)

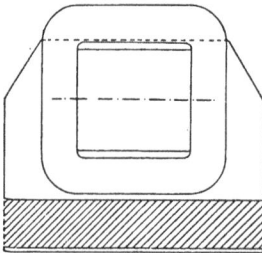 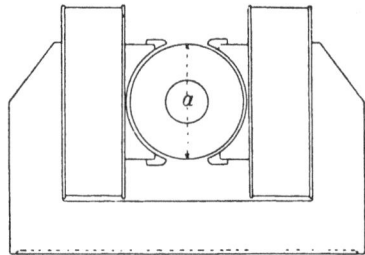

Fig. 2.   Fig. 3.

Maassstab 6 : 100.

$$\text{Für} \quad J = 100$$
$$E_p = 110$$
$$\beta = 6$$

$$g^2 = \frac{200}{6 \cdot \pi} = 10,6$$

$$\boldsymbol{g = 3,26 \sim 3,3} \qquad \boldsymbol{g' = 1,4 \cdot 3,3 \sim 4,6}$$

$$\boldsymbol{w_a = \frac{0,06 \cdot 110}{100} = 0,066}$$

$$a^2 = 400 \cdot 0,066 \cdot 50 \cdot 1,4 \cdot 3,3^3 \qquad\qquad N = \frac{\pi \cdot 260}{9,2} = \frac{816,4}{9,2} = 88,8$$

$$= 26,4 \cdot 70 \cdot 35,9 = 66343,2 \qquad\qquad \boldsymbol{N \sim 90}$$

$$\boldsymbol{a \sim 260} \qquad\qquad\qquad\qquad Luft\ 8,6\ mm$$

$$n = \frac{120\,000\,000 \cdot 116 \cdot 4,6}{\pi \cdot 260^3} \qquad\qquad w_n = 36,6\ Ohm$$

$\boldsymbol{n = 1150}$ (mit Polansätzen).

$$J_n = 0,03\,J = 3$$

$$A = 1100 \cdot 8,6 + \frac{90}{8} \cdot 100$$

$$= 10580$$

$$\boldsymbol{A \sim 11000}$$

$$b = \frac{11\,000 \cdot g_n{}^2 \cdot 1,3^2}{0,06 \cdot 100 \cdot 0,3 \cdot a} \qquad\qquad h = 78$$

$$g_n{}^2 = \frac{11\,000 \cdot 16 \cdot 260 \cdot 1,4}{1000 \cdot \pi \cdot 110 \cdot 55} = 3,37 \qquad \boldsymbol{g_n \sim 1,8}$$

$$b = \frac{11\,000 \cdot 3,37 \cdot 1,63}{6 \cdot 78} = 129,3 \qquad \boldsymbol{b \sim 130.}$$

Durchrechnung der Quadrattrommel für 100 Amp.

$z_a = 50\,a^2 = 3\,380\,000$

Anker: $q = 2 \cdot 8 \cdot 26 \cdot 0,8 = 333$ \qquad Max. $= 333 \cdot 25\,000 = 8\,325\,000$

$$l = 24 \qquad\qquad \sigma_a = \frac{3\,380\,000}{8\,325\,000} = 0,4 \quad \varrho_a = 0,72$$

Polstück: $l = 17 \cdot 2 = 34$ \qquad Max. $= 676 \cdot 20\,000 = 13\,420\,000$

$$q = 676 \qquad\qquad \sigma_p = \frac{3\,720\,000}{13\,420\,000} = 0,28 \quad \varrho_p = 0,31$$

Seitenplatten: $l = 2 \cdot 27 = 54$ \qquad Max. $= 660 \cdot 20\,000 = 13\,200\,000$

$$q = 60 \cdot 11 = 660 \qquad\qquad \sigma_s = \frac{4\,000\,000}{13\,200\,000} = 0,3 \quad \varrho_s = 0,37$$

Bodenplatte: $l = 69$

$$q = 10,5 \cdot 60 +$$
$$+ \, \delta \sim 650$$

Max. $= 650 \cdot 20\,000 = 13\,000\,000$

Luft: $l = 2 \cdot 0,86$

$$q = \frac{4,5}{4} \cdot 26^2 = 760$$

$\sigma_b = \dfrac{3\,380\,000}{13\,000\,000} = 0,26 \quad \varrho_b = 0,28$

$w_l = \dfrac{1,38}{760} = 0,00182$

$w_l \cdot 3\,380\,000 = \quad 6160$

$w_a = \dfrac{24}{333} \cdot 0,72 \cdot 0,00114 = 0,000058$

$w_a \cdot 3\,380\,000 = \quad 196$

$w_p = \dfrac{34}{676} \cdot 0,31 \cdot 0,0087 \; = 0,000132$

$w_p \cdot 3\,720\,000 = \quad 490$

$w_s = \dfrac{54}{660} \cdot 0,37 \cdot 0,0087 \; = 0,000260$

$w_s \cdot 4\,000\,000 = \quad 1040$

$w_b = \dfrac{69}{650} \cdot 0,28 \cdot 0,0087 \; = 0,000260$

$w_b \cdot 3\,380\,000 = \quad 879$

$\overline{\qquad w_e = 0,000710 \qquad}$

$\overline{\qquad A^1 = \quad 8765 \qquad}$

$\dfrac{N}{8} \cdot J = \quad 1120$

$\overline{\qquad A = 9885 \qquad}$

$$\boldsymbol{w_e = 0,39\, w_l}$$

Berechnung einer Quadrattrommelmaschine ohne Nuthen. (Fig. 4 u. 5.)

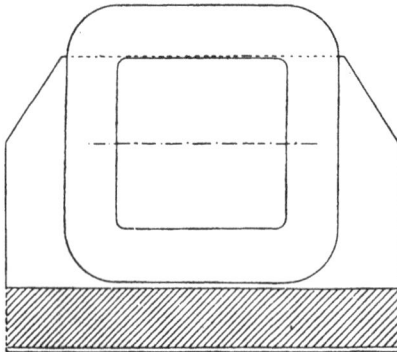

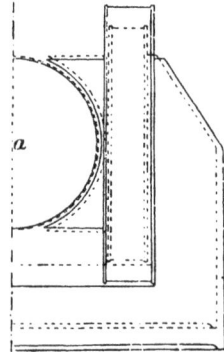

Fig. 4.   Fig. 5.

Maassstab 6 : 100.

$J = 500$ $\qquad g^2 = \dfrac{1000}{\pi \cdot 6} = 53,2$ $\qquad w_a = \dfrac{0,06 \cdot 110}{500} = \dfrac{6,6}{500} = \boldsymbol{0,0132}$

$E = 110$ $\qquad \boldsymbol{g \sim 7,5}$ $\qquad\qquad g' = 9,75$

$\beta = 6$ $\qquad a^2 = 400 \cdot 0,0132 \cdot 50 \cdot 1,3 \cdot 422$

$\qquad\qquad\quad = 144840$

$\qquad\qquad \boldsymbol{a = 381 \sim 380}$ $\qquad\qquad N = \dfrac{\pi \cdot 380}{19,50} = 61,2 \sim \boldsymbol{62}$

$n = \dfrac{120\,000\,000 \cdot 116 \cdot 9,75}{\pi \cdot a^3} \sim \boldsymbol{799}$ $\qquad\qquad$ Luft 13,75

$A = 1100 \cdot 13,75 + \dfrac{62}{8} \cdot 500 = 18\,980 \sim \boldsymbol{19\,000}$

$g_n{}^2 = \dfrac{19 \cdot 16 \cdot 380 \cdot 1,4}{\pi \cdot 110 \cdot 55} = 8,51$

$\boldsymbol{g_n \sim 2,9}$

$b = \dfrac{19000 \cdot 8,51 \cdot 1,3^2}{0,06 \cdot 500 \cdot 0,3 \cdot 380} = \boldsymbol{80,2 \sim 80}$ geändert in $\boldsymbol{100.}$

Quadrattrommel 500 Amp.

$\boldsymbol{Z_a = 50\, a^2 = 7\,242\,000}$

Anker: $q = 12 \cdot 38 \cdot 2 \cdot 0,8$ $\qquad\qquad$ Max. $= 730 \cdot 25\,000 = 18\,250\,000$
$\qquad\qquad = 912 \cdot 0,8 = 730$

$\qquad\qquad l = 36\ cm$ $\qquad\qquad\qquad \sigma_a = \dfrac{7\,242\,000}{18\,250\,000} = 0,4 \qquad \varrho_a = 0,72$

Polstück: $l = 15 \cdot 2 = 30$ $\qquad\qquad$ Max. $= 1448 \cdot 20\,000 = 28\,960\,000$

$\qquad\qquad q = 1448$ $\qquad\qquad\qquad \sigma_p = \dfrac{8\,000\,000}{28\,960\,000} = 0,28 \qquad \varrho_p = 0,31$

Seitenplatten: $l = 2 \cdot 38 = 76$ $\qquad\qquad$ Max. $= 1440 \cdot 20\,000 = 28\,800\,000$

$\qquad\qquad q = 90 \cdot 16 = 1440$ $\qquad\qquad \sigma_q = \dfrac{8\,700\,000}{28\,800\,000} = \sigma_s = 0,3$

$\qquad\qquad\qquad\qquad\qquad\qquad\qquad\qquad \varrho_s = 0,37$

Bodenplatte: $l = 80$ $\qquad\qquad\qquad$ Max. $= 1400 \cdot 20\,000 = 28\,000\,000$

$\qquad\qquad q = 90 \cdot 12,6 + \delta \sim$ $\qquad\qquad \sigma_b = \dfrac{7\,242\,000}{28\,000\,000} = 0,26 \quad \varrho_b = 0,28$
$\qquad\qquad\qquad \sim 1400$

Luft: $l = 1,375 \cdot 2 = 2,75$

$\qquad\qquad q = \dfrac{5}{4} \cdot 1448 = 1810$

$$w_l = \frac{0,8 \cdot 2,75}{1810} = 0,00122$$

$$w_a = 0,00114 \cdot 0,72 \cdot \frac{36}{730} = 0,000040 \qquad \boldsymbol{w_e = 0,34\, w_l}$$

$$w_p = 0,0087 \cdot \frac{30}{1448} \cdot 0,31 = 0,000056$$

$$w_s = 0,0087 \cdot 0,37 \cdot \frac{76}{1440} = 0,00017$$

$$w_b = 0,0087 \cdot 0,28 \cdot \frac{80}{1400} = 0,00014$$

$$w_e = 0,00041.$$

Quadrattrommel mit Nuthen, zwei Drahtlagen.

a bedeutet hier wieder die Quadratseite, doch wird der Kreis mit Durchmesser a durch die Nuthen um etwas mehr als 1,5 g nach aussen überragt, a ist daher in diesem Falle keine Aussendimension, sondern der Kreisdurchmesser, welcher durch die innere Drahtlage bestimmt ist.

Länge einer Windung im Mittel

$$l = 5\,a.$$

Inducirende Drahtlänge, wenn N Windungen,

$$L = \frac{N \cdot 5\,a}{2}\,.$$

Wie früher ist ferner

$$w_a = \frac{N \cdot 5\,a \cdot 2}{2 \cdot \pi\, g^2 \cdot \varkappa \cdot 1000}\,.$$

Für die Stärke der Nuthenkanten kann als Regel gelten, dass dieselben nicht geringeren Eisenquerschnitt besitzen dürfen als das Ankereisen selbst. Bei angemessener Breite der Anker-blechringe ist das Verhältniss derselben zum Radius etwa $= 0,64$.

Umfasst wird von den Polen das Peripheriestück $\frac{5}{4}\,a$.

Ist nun ζ das Verhältniss der bei der Nuthung stehen ge-bliebenen Peripherielänge zur Peripherie selbst, so folgt

$$\zeta \cdot \frac{5}{4}\,a = 0,64 \cdot a,$$

woraus sich ergiebt

$$\zeta = 0,512.$$

Wir setzen daher fest

$$\zeta \sim 0,52,$$

folglich das Verhältniss der für den Draht verfügbaren zur wirklichen Peripherielänge $\sim 0,48$.

Die Anzahl der Windungen (zwei übereinander, entsprechend einer gewöhnlichen Drahtlage) auf dem Anker wird somit

$$N = \frac{\pi \cdot a \cdot \boldsymbol{0,48}}{g'} \cdot$$

Der oben aufgestellte Ausdruck für w_a nimmt daher die Form an

$$w_a = \frac{\pi \cdot a \cdot 0,48 \cdot 5\,a}{g' \cdot \pi\, g^2 \cdot \varkappa \cdot 1000}$$

oder, wenn wieder $\dfrac{g'}{g} = \alpha$ gesetzt wird,

$$w_a = \frac{2,40 \cdot a^2}{g^3 \cdot \varkappa \cdot \alpha \cdot 1000},$$

woraus folgt:

$$a^2 = \boldsymbol{417} \cdot w_a \cdot \varkappa \cdot \alpha \cdot g^3.$$

Bezüglich der Ausrechnung dieses Werthes von a ist noch zu bemerken, dass es von der Ansicht des Konstrukteurs über die Erfordernisse der Isolation abhängt, ob man für α hierbei denselben Werth einsetzen will, wie in die entsprechende Gleichung des vorigen Abschnittes, oder, wie es jedenfalls mehr Sicherheit bietet, einen grösseren, mit Rücksicht auf verstärkte Isolation (dreifache Bespinnung oder Papier oder dergl.).

Wie früher ist

$$g^2 = \frac{2\,J}{\pi\,\beta} \cdot$$

Der Luftwiderstand besteht streng genommen aus zwei parallel geschalteten Widerständen, demjenigen zwischen den Nuthenkanten und dem Polstück und demjenigen zwischen Nuthenboden und Polstück, vorausgesetzt, dass die Nuthen aussen (magnetisch) offen sind. Bei Umwickelung der fertigen Trommel mit Eisendraht oder bei Anwendung eines Lochankers reducirt sich der Werth noch weiter. Wir unterscheiden daher zwei Fälle.

1. Offene Nuthen.

Als Spielraum zwischen Anker und Polfläche genüge 2 *mm* für eine etwaige Bandage werde die Polbohrung nur hier vergrössert, dann können wir annehmen, dass der Luftwiderstand sich im Verhältniss

$$\varepsilon \text{ im Mittel} = 0{,}8$$

durch die besagte Parallelschaltung vermindert.

Es ist aber für die Nuthenkanten:

$$q_l = 0{,}52 \cdot \frac{5\, a^2}{400} = 0{,}0065\, a^2.$$

Folglich der wirkliche Luftwiderstand

$$w_l = \frac{\varepsilon \cdot 0{,}16}{0{,}0065 \cdot a^2} \cdot 2.$$

Das magnetische Feld erhält zweckmässig den Magnetismus 5000 pro *qcm*, folglich beträgt der Gesammtmagnetismus im Anker

$$Z_a = \frac{5}{4}\, a^2 \cdot 50$$

$$Z_a = \frac{250}{4} \cdot a^2.$$

Die im Anker inducirte elektromotorische Kraft ist

$$E = \frac{n \cdot N \cdot Z_a}{30 \cdot 10^8}$$

und die Tourenzahl

$$n = \frac{30 \cdot 10^8 \cdot E}{N \cdot Z_a} = \frac{30 \cdot 10^8 \cdot E \cdot 4}{N \cdot 250 \cdot a^2},$$

nach obigem Ausdruck für N

$$n = \frac{30 \cdot 10^8 \cdot E \cdot 4 \cdot g'}{250\, a^2 \cdot \pi \cdot a \cdot 0{,}48}$$

$$n = \frac{10^8 \cdot E \cdot g'}{\pi \cdot a^3}$$

oder:

$$n = \frac{100 \cdot E\, g'}{\pi \cdot \left(\dfrac{a}{100}\right)^3}.$$

2. Lochanker.

Der äussere Spielraum betrage wieder 2 *mm*, so wird der Luftwiderstand sein

$$w_l = 0,8 \cdot \frac{0,2 \cdot 400}{5 \cdot a^2} \cdot 2$$

$$w_l = \frac{25,6}{a^2}.$$

Die Tourenzahl ist wie früher

$$n = \frac{10^8 \cdot E \cdot g'}{\pi \cdot a^3} = \frac{100 \cdot E \cdot g'}{\pi \cdot \left(\frac{a}{100}\right)^3}.$$

Beide Fälle:

Die Festsetzungen über den Wirkungsgrad ergeben wieder

$$w_a = \frac{0,06 \cdot E_p}{J}$$

und

$$J_n = 0,03 \, J.$$

Weiter

$$b = \frac{A \cdot g_n^2 \cdot a_1^2}{0,06 \cdot J \cdot h}$$

und

$$g_n^2 = \frac{A \cdot 16 \cdot a \cdot \gamma}{1000 \cdot \pi \cdot E_p \cdot \varkappa}.$$

Die Ampèrewindungen sind:

$$A = Z_a \left(w_l + w_e \cdot F_s\right) + \frac{N}{8} \cdot J$$

oder

$$= \frac{250}{4} a^2 \left(w_l + w_e \cdot F_s\right) + \frac{N}{8} \cdot J.$$

Das Verhältniss von w_l und w_e ändert sich bei den Nuthenmaschinen gegen den früheren Werth erheblich. Der Luftwiderstand ist verhältnissmässig gering, dagegen die Sättigung im Schenkeleisen bereits so hoch, dass der Eisenwiderstand sehr wesentlich ist.

Man kann im Mittel setzen:

für Fall 1 $F_s \cdot w_e = 1{,}6\, w_l$

für Fall 2 $F_s \cdot w_e = 2\, w_l$.

Demnach wird unter Einfügung des Sicherheitsfaktors 1,25

Fall 1. $A = 1{,}25 \cdot \dfrac{250}{4}\, a^2 \cdot 2{,}6 \cdot \dfrac{3200}{65\, a^2} \cdot \varepsilon + \dfrac{N}{20} \cdot J$.

$$A = 10\,000\, \varepsilon + \dfrac{N}{20} \cdot J, \text{ für } \varepsilon = 0{,}8$$

$$\boldsymbol{A = 8000 + \dfrac{N}{8} \cdot J.}$$

Fall 2. $A = 1{,}25 \cdot \dfrac{250}{4}\, a^2 \cdot 3 \cdot \dfrac{25{,}6}{a^2} + \dfrac{N}{8} \cdot J$

$$\boldsymbol{A = 6000 + \dfrac{N}{8} \cdot J.}$$

Quadrattrommel, Lochanker.

Fig. 5 (punktirt).

$J = 500$ $g^2 = \dfrac{1000}{\pi \cdot 6} = 53{,}2$ $w_a = \dfrac{66}{500} = 0{,}0132$

$E = 110$

$\beta = 6$ $\boldsymbol{g \sim 7{,}5 \quad g' = 9{,}75}$

$a^2 = 417 \cdot w_a \cdot 50 \cdot 1{,}3 \cdot 422 = 150\,996$

$\boldsymbol{a = 388{,}5 \sim 390}$ $N = \dfrac{\pi \cdot a \cdot 0{,}48}{g'} = \dfrac{\pi \cdot 390 \cdot 0{,}48}{9{,}75}$

$n = \dfrac{10^8 \cdot 116 \cdot 9{,}75}{\pi \cdot 390^3} = 607 \sim 610$ $= 60{,}3$

$$\boldsymbol{N \sim 60}$$

$$g_n{}^2 = \dfrac{8620 \cdot 16 \cdot 390 \cdot 1{,}4}{1000\, \pi \cdot 110 \cdot 55}$$

$$= 3{,}96 \quad g_n \sim 2{,}0 \text{ geändert in } \boldsymbol{g_n = 3}$$

$$A = 6000 + \dfrac{N}{8} \cdot J$$

$$= 6000 + 3750$$

$$\boldsymbol{A = 9750}$$

$$\text{Geändert in}$$

$$h = 117 \qquad\qquad h = 62$$
$$b = 80$$

$$b = \frac{9750 \cdot 9 \cdot 1{,}3^2}{30 \cdot 117} = 42{,}4$$

$$\sigma_{max.} = \frac{250}{4}\, a^2 \cdot 1{,}20 \cdot \frac{1}{20000 \cdot 1510} = \frac{75}{200} = 0{,}35$$

$$Z_{qcm} = 7000.$$

Lange Trommel (ohne Nuthen). (Fig. 6.)

Durchmesser $= a$, Länge $= c = \dfrac{4}{3}\, a$ (Lahmeyer'sches Verhältniss).

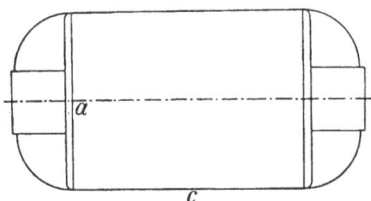

Fig. 6.

In ähnlicher Weise wie bei der Quadrattrommel finden wir hier die Länge einer Windung im Mittel

$$l = 6\, a.$$

Inducirende Drahtlänge, wenn N Windungen

$$L = \frac{N \cdot 6\, a}{2}\, .$$

Wie früher ist

$$w_a = \frac{L}{2 \cdot q \cdot \varkappa \cdot 1000} \quad \text{und} \quad N = \frac{\pi\, a}{2\, g'}$$

$$= \frac{\pi\, a \cdot 6\, a \cdot 4}{2\, g' \cdot 2 \cdot 2 \cdot \pi\, g^2 \cdot \varkappa \cdot 1000} = \frac{3\, a^2}{g^3 \cdot \alpha \cdot \varkappa \cdot 1000}\, .$$

Folgt:

$$a^2 = 333 \cdot \alpha \cdot \varkappa \cdot g^3 \cdot w_a$$
$$g^2 = \frac{2\, J}{\pi\, \beta}\, .$$

Querschnitt des magnetischen Feldes in Quadratmillimeter

$$q_l = \frac{5}{4}\, a \cdot \frac{4}{3}\, a = \frac{5}{3}\, a^2$$

Magnetismus 4000 pro Quadratcentimeter,

$$Z_a = \frac{5}{3}\, a^2 \cdot 40 = \frac{200}{3}\, a^2$$

$$E = \frac{n \cdot N \cdot Z_a \cdot 2}{60 \cdot 10^8}$$

$$n = \frac{30 \cdot 10^8 \cdot E \cdot 2\, g' \cdot 3}{\pi\, a \cdot 200 \cdot a^2}$$

$$\boldsymbol{n = 90\,000\,000 \cdot \frac{E\, g'}{\pi \cdot a^3}}$$

oder:

$$\boldsymbol{n = 90 \cdot \frac{E\, g'}{\pi \cdot \left(\dfrac{a}{100}\right)^3}} \cdot$$

Die Bestimmungen über den elektrischen Wirkungsgrad lauten:

$$\boldsymbol{w_a = \frac{0{,}06\, E_p}{J}}$$

$$\boldsymbol{J_n = 0{,}03\, J.}$$

Der Widerstand des Nebenschlusses ist

$$w_n = \frac{E_p}{0{,}03\, J} \cdot$$

Die mittlere Windungslänge der Schenkelwickelung wird hier

$$l_n = 2\,(a + c)\, \gamma$$

$$= 2 \left(1 + \frac{4}{3}\right) a \cdot \gamma \qquad \begin{array}{l} \gamma = 1{,}5 \text{ bis } 1{,}3 \text{ (für} \\ h = 0{,}3\, a;\ \gamma = 1{,}25) \end{array}$$

$$l_n = \frac{14}{3}\, a \cdot \gamma.$$

Die Windungszahl beträgt

$$W = \frac{A}{J_n} = \frac{A}{0{,}03\,J}$$

oder

$$W = \frac{2 \cdot b \cdot h}{g_n'^2}$$

$$b = \frac{W \cdot g_n^2 \cdot a_1^2}{2\,h} = \frac{A \cdot g_n^2 \cdot a_1^2}{0{,}06\,J \cdot h}.$$

Es ist wieder

$$w_n = W \cdot \frac{l_n}{1000} \cdot \frac{4}{\pi\,g_n^2 \cdot z}$$

$$w_n = \frac{E_p}{0{,}03\,J} = \frac{A}{0{,}03\,J} \cdot \frac{14}{3}\,a\,\gamma\,\frac{4}{1000\,\pi\,g_n^2\,z}$$

$$g_n^2 = \frac{A \cdot 56\,a \cdot \gamma}{3000\,\pi \cdot E_p\,z}.$$

Die Berechnung der Ampèrewindungen gestaltet sich, wie folgt:

$$A = Z_a\,(w_l + w_e \cdot F_s) + \frac{N}{8} \cdot J$$

$$= \frac{200}{3}\,a^2\left(w_l + w_e \cdot F_s\right) + \frac{N}{8} \cdot J.$$

Unter den früheren Bedingungen wird

$$w_l = 0{,}8 \cdot \frac{(g'+4) \cdot 2 \cdot 10 \cdot 3}{5\,a^2} = \frac{(g'+4) \cdot 9{,}6}{a^2}.$$

Es kann wieder annähernd gesetzt werden

$$F_s \cdot w_e = 0{,}4\,w_l.$$

Daher ist

$$A = 1{,}25 \cdot \frac{200}{3}\,a^2\left(g'+4\right) \cdot \frac{9{,}6 \cdot 1{,}4}{a^2} + \frac{N}{8} \cdot J$$

$$A \sim 1100\,(g'+4) + \frac{N}{8} \cdot J.$$

Berechnung einer langen Trommel ohne Nuthen.
(Fig. 7 u. 8.)

$J = 100$

$E_p = 110$

$\beta = 6$

$g \sim 3{,}3$

$g' \sim 4{,}6$

$a^2 = 333 \cdot 1{,}4 \cdot 50 \cdot 35{,}9 \cdot 0{,}066$

$\quad = 55231$

$a = 235$

$$N = \frac{\pi \cdot 235}{9{,}2} = 80{,}2$$

$N \sim 80$ $\quad \cdots$

$$n = 90\,000\,000 \cdot \frac{116 \cdot 4{,}6}{\pi \cdot 235^3}$$

$n = 1180$

$$A = 1100 \cdot 8{,}6 + 1000 = 10\,450$$

$A \sim 11000$

$h = 70{,}5$

$h \sim 70$

$$g_n{}^2 = \frac{11\,000 \cdot 56 \cdot 235 \cdot 1{,}25}{3000 \cdot \pi \cdot 110 \cdot 55} = 3{,}19$$

$g_n \sim 1{,}8$

$$b = \frac{11\,000 \cdot 3{,}19 \cdot 1{,}3^2}{6 \cdot 70} = 141$$

$b \sim 140$ geändert in **$b = 120$**

$h = 82.$

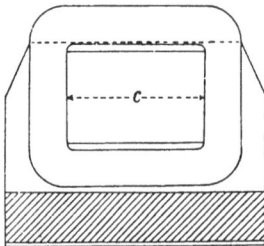

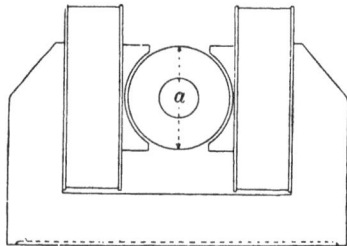

Fig. 7.   Fig. 8.

Maassstab 6 : 100.

Lange Trommel ohne Nuthen 100 Amp.

$$Z_a = \frac{200}{3} a^2 = \frac{200}{3} \cdot 55231 = 3\,680\,000$$

Anker: $q = (3 \cdot 2,5) \cdot 31,3 \cdot 2 \cdot 0,8$ Max. $= 470 \cdot 25\,000 \cdot 0,8 =$

$$= 156,5 \cdot 3 \cdot 0,8 \qquad\qquad\qquad = 11\,700\,000 \cdot 0,8$$

$$\sim \boldsymbol{470 \cdot 0,8 = 376}$$

$l = 22$ $\sigma_a = \dfrac{3\,680\,000}{11\,700\,000 \cdot 0,8} = \dfrac{0,31}{0,8} = 0,4.$

$$\varrho_a = 0,72$$

Polstück: $q = 736$ Max. $= 736 \cdot 20\,000 = 14\,720\,000$

$l = 16,5 \cdot 2$ $\sigma_p = \dfrac{4\,050\,000}{14\,720\,000} = 0,28$

$$\varrho_p = 0,31$$

Seitenplatten: $q = 736$ Max. $= 14\,720\,000$

$l = 87$ $\sigma_s = \dfrac{4\,400\,000}{14\,720\,000} = 0,3$

$$\varrho_s := 0,37$$

Bodenplatte: $l = 66$ Max. $= 700 \cdot 20\,000 = 14\,000\,000$

$q = 700$ $\sigma_b = \dfrac{3\,680\,000}{14\,000\,000} = 0,26$

$$\varrho_b = 0,28$$

Luft: $l = 2 \cdot 0,86 = 1,72$

$$q = \frac{5}{3} \cdot 552,31 = 920$$

$$w_l = \frac{1,38}{920} = 0,0015$$

$$w_a = \frac{22}{376} \cdot 0,72 \cdot 0,00114 = 0,000048$$

$$w_p = \frac{33}{736} \cdot 0,31 \cdot 0,0087 = 0,000121$$

$$w_s = \frac{87}{736} \cdot 0,37 \cdot 0,0087 = 0,000381$$

$$w_b = \frac{66}{700} \cdot 0,28 \cdot 0,0087 = 0,000230$$

$$w_e = 0,000780$$

$$\boldsymbol{w_c = 0,5\ w_l.}$$

Lange Trommel mit Nuthen.

Die Verhältnisse und die Bedeutung von a sind dieselben im Vergleich zu denen der Trommel ohne Nuthen, wie bei der Quadrattrommel.

Wir haben zu setzen:

$$l = 6\,a$$

$$L = \frac{N \cdot 6\,a}{2} = N \cdot 3 \cdot a$$

$$w_a = \frac{N \cdot 3\,a \cdot 2}{\pi\,g^2 \cdot z \cdot 1000}\,.$$

Das Verhältniss der von den Nuthenkanten eingenommenen Kreislänge zur Totalperipherie

$$\zeta = \boldsymbol{0{,}52}.$$

Für den Draht $\boldsymbol{0{,}48}$ der Peripherie verfügbar.

$$\boldsymbol{N =} \frac{\pi\,a \cdot \boldsymbol{0{,}48}}{g'}$$

$$w_a = \frac{\pi \cdot a \cdot 0{,}48 \cdot 6\,a}{g' \cdot \pi\,g^2 \cdot z \cdot 1000}$$

$$= \frac{2{,}88\,a^2}{g^3 \cdot z \cdot \alpha \cdot 1000}$$

$$\boldsymbol{a^2 = 347 \cdot w_a \cdot z \cdot \alpha \cdot g^3}$$

$$\boldsymbol{g^2 = \frac{2\,J}{\pi\,\beta}}\,.$$

Zwei Fälle, offene Nuthen und Lochanker.

1. Offene Nuthen.

Spielraum 2 mm,

$$\varepsilon = \boldsymbol{0{,}8}.$$

Für die Nuthenkanten

$$q_l = 0{,}52 \cdot \frac{5}{4}\,a \cdot \frac{4}{3}\,a\,\frac{1}{100}$$

$$= \frac{2{,}6\,a^2}{300} = 0{,}00867\,a^2.$$

Folglich der Luftwiderstand:

$$w_l = \frac{\varepsilon \cdot \textbf{0,16} \cdot \textbf{2}}{\textbf{0,00867 } a^2}.$$

Magnetisches Feld 5000 pro Quadratcentimeter, daher

$$Z_a = \frac{5}{4} \cdot \frac{4}{3} a^2 \cdot 50 = \frac{\textbf{250}}{\textbf{3}} a^2$$

$$n = \frac{3 \cdot 10^9 \cdot E}{N \cdot Z_a} = \frac{3 \cdot 10^9 \cdot E \cdot g' \cdot 3}{\pi a \cdot 0{,}48 \cdot 250\, a^2}$$

$$n = \frac{\textbf{75} \cdot \textbf{10}^6 \cdot \textbf{E} \cdot \textbf{g}'}{\pi \cdot \textbf{a}^3} \quad \text{oder} \quad n = \frac{75 \cdot E \cdot g'}{\pi \cdot \left(\frac{a}{100}\right)^3}.$$

2. Lochanker.

Spielraum 2 mm,

$$w_l = 0{,}8 \cdot \frac{0{,}2 \cdot 300 \cdot 2}{5\, a^2}$$

$$w_l = \frac{\textbf{19,2}}{\textbf{a}^2}$$

$$n = \frac{\textbf{75} \cdot \textbf{E} \cdot \textbf{g}'}{\pi \left(\frac{a}{\textbf{100}}\right)^3} \quad Z_a = \frac{250}{3} a^2.$$

Beide Fälle.

$$w_a = \frac{\textbf{0,06} \cdot \textbf{E}_p}{\textbf{J}}$$

$$\textbf{J}_n = \textbf{0,03 J}$$

$$b = \frac{A \cdot g_n^2 \cdot a^2{}_1}{\textbf{0,06 J} \cdot h}$$

$$g_n^2 = \frac{A \cdot \textbf{56} \cdot \textbf{a} \cdot \gamma}{\textbf{3000} \cdot \pi \cdot \textbf{E}_p \cdot \varkappa}.$$

Die Ampèrewindungen sind

$$A = Z_a \cdot (w_l + w_e \cdot F_s) + \frac{N}{8} \cdot J$$

$$= \frac{250}{3} a^2 (w_l + w_e \cdot F_s) + \frac{N}{8} \cdot J.$$

Wie bei der Quadrattrommel ist im Mittel

$$\text{Fall 1} \quad F_s \cdot w_e = 1.6\, w_l$$
$$\text{Fall 2} \quad F_s \cdot w_e = 2\, w_{l'}$$

Demnach wird unter Einfügung des Sicherheitsfaktors 1,25

$$1. \quad A = 1.25 \cdot \frac{250}{3}\, a^2 \cdot 2.6 \cdot \frac{\varepsilon \cdot 32\,000}{867\, a^2} + \frac{N}{8} \cdot J$$

$$A = 10\,000 \cdot \varepsilon + \frac{N}{8} \cdot J$$

$$\boldsymbol{A = 8\,000 + \frac{N}{8}\, J}$$

$$2. \quad A = 1.25 \cdot \frac{250}{3}\, a^2 \cdot 3 \cdot \frac{19.2}{a^2} + \frac{N}{8}\, J$$

$$\boldsymbol{A = 6\,000 + \frac{N}{8}\, J.}$$

Beispiel: $J = 500$, Lochanker

$$g \sim 7.5$$
$$g' \sim 9.75$$
$$a = 368 \qquad\qquad N = \frac{\pi\, a \cdot 0.48}{g'} = 52.$$
$$n = 543$$

Vierpoliger Ring, Lochanker.

Durchmesser a, Länge $c = 0.6\, a$.

Dicke $d = 0.18\, a$.

Länge einer Windung wieder unter Berücksichtigung der Zuführungen zum Kollektor $l = 1.7\, a$.

Inducirende Drahtlänge, wenn N Windungen

$$L = \frac{N}{4} \cdot l = N\, a \cdot 0.425.$$

Der Widerstand des Ankers ist

$$w_a = \frac{L}{\varkappa \cdot q \cdot 4000} = \frac{N\, a \cdot 4 \cdot 0.425}{4000 \cdot \varkappa \cdot \pi\, y^2} = \frac{N\, a \cdot 0.425}{1000 \cdot \varkappa \cdot \pi\, y^2}.$$

Die halbe von einem Pol umfasste Peripherielänge ist $0.3\, a$.

Das früher definirte Verhältniss ζ wird daher aus

$$\zeta \cdot 0.3\, a = 0.15\, a,$$

gefunden als

$$\boldsymbol{\zeta = 0.5.}$$

Die Anzahl der Windungen wird, wenn an der Peripherie zwei übereinander liegen,

$$N = \frac{\pi \cdot a \cdot 0{,}5 \cdot 2}{g'} = \frac{\pi \cdot a}{g'} \cdot$$

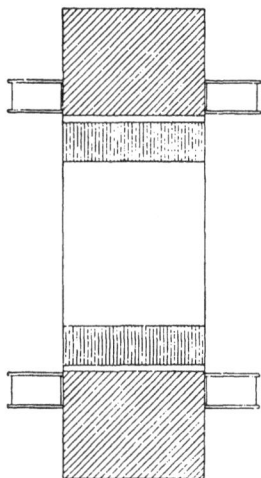

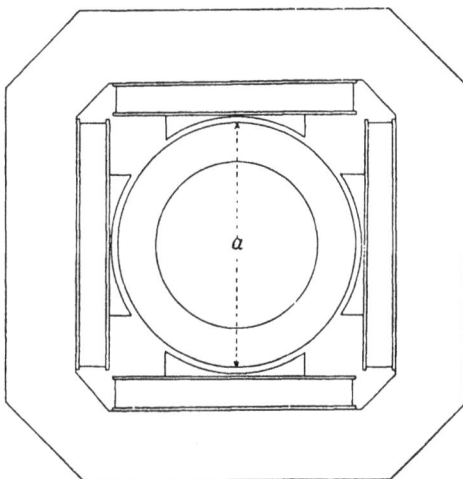

Fig. 9.   Fig. 10.

Maassstab 6 : 100.

Daher ist

$$w_a = \frac{\pi a^2 \cdot 0{,}425}{1000 \cdot z \cdot \pi g^2 \cdot g'} = \frac{0{,}425\, a^2}{1000 \cdot z \cdot a \cdot g^3},$$

woraus folgt:

$$a^2 = \frac{1000}{0{,}425} \cdot z \cdot a \cdot g^3 \cdot w_a$$

$$\boldsymbol{a^2 = 2350 \cdot z \cdot a \cdot g^3 \cdot w_a,}$$

$g^2 = \dfrac{J}{\pi\,\beta}$ zu setzen, β Belastung des Ankerdrahtes.

Wir nehmen mit Rücksicht auf die Anwendung des Ringes den, wie aus den früheren Berechnungen ersichtlich, bei weitem günstigsten Lochanker an.

Dann wird der magnetische Luftwiderstand, vorausgesetzt 2 mm Spielraum,

$$w_l = 0{,}8 \cdot \frac{0{,}2 \cdot 100 \cdot 2}{0{,}3\,a \cdot 0{,}6\,a}$$

oder

$$w_l = \frac{\boldsymbol{187}}{\boldsymbol{a^2}} \, .$$

Die Tourenzahl der vierpoligen Ringmaschine ist

$$n = \frac{15 \cdot E}{2 \cdot Z_a \cdot \dfrac{N}{4}} \cdot 10^8,$$

worin Z_a der Maximalmagnetismus in einem Ringstück ist.

Das magnetische Feld betrage 5000 pro Quadratcentimeter, dann ist

$$Z_a = 50 \cdot 0{,}3\, a \cdot 0{,}6\, a$$
$$\boldsymbol{Z_a = 9\, a^2},$$

somit

$$n = \frac{15 \cdot E}{2 \cdot 9\, a^2 \, \dfrac{N}{4}} \cdot 10^8 \quad \text{oder} \quad \text{da} \quad N = \frac{\pi\, a}{g'}$$

$$\boldsymbol{n = 83\,300\,000 \, \frac{E}{a^2} \cdot \frac{g' \cdot 4}{\pi\, a}}, \quad \text{oder} \quad \boldsymbol{n = \frac{106 \cdot E\, g'}{\pi \cdot \left(\dfrac{a}{100}\right)^3}}$$

Die Festsetzungen über den elektrischen Wirkungsgrad ergeben

$$w_a = \frac{\boldsymbol{0{,}06\, E_p}}{\boldsymbol{J}}$$

$$\boldsymbol{J_n = 0{,}03\, J.}$$

Der Widerstand des Nebenschlusses wird:

$$w_n = \frac{E_p}{0{,}03\, J} \, .$$

Die mittlere Windungslänge der Schenkelwickelung

$$l_n = 2 \cdot (0{,}6\, a + 0{,}57\, a) \cdot \gamma$$

$$l_n \sim 2{,}25\, a \cdot \gamma \qquad\qquad (\gamma = 1{,}4).$$

Es seien A Ampèrewindungen pro magnetischen Kreis (zwei Schenkelmagnethälften + Ankerviertel) erforderlich, dann ist die Totalwindungszahl der vier hintereinandergeschalteten Spulen

$$W = \frac{A}{J_n} \cdot 2.$$

Bei der Höhe der Wickelung h und der Breite jeder Spule b ist

$$W = \frac{4\,b \cdot h}{g'^2_n}, \quad \text{oder} \quad W = \frac{4\,b \cdot h}{a_1^2 \cdot g_n^2},$$

daher

$$b = \frac{a_1^2\,g_n^2 \cdot 2\,A}{4\,h \cdot J \cdot 0{,}03}$$

$$b = \frac{A \cdot a_1^2 \cdot g_n^2}{0{,}03\,J \cdot h \cdot 2} \qquad (\mathrm{h} = 0{,}2\,a).$$

Weiter ist

$$w_n = \frac{W \cdot l_n}{1000} \cdot \frac{4}{\pi\,g_n^2 \cdot \varkappa} = \frac{E_p}{0{,}03\,J} = \frac{A \cdot 2}{0{,}03\,J} \cdot \frac{2{,}25\,a\,\gamma \cdot 4}{1000 \cdot \pi\,g_n^2 \cdot \varkappa}.$$

Folglich

$$g_n^2 = \frac{8 \cdot 2{,}25 \cdot A\,a \cdot \gamma}{E_p \cdot 1000\,\pi\,\varkappa} = \frac{18 \cdot A \cdot a \cdot \gamma}{1000\,\pi \cdot E_p \cdot \varkappa}.$$

Die Ampèrewindungen können ausgedrückt werden durch

$$A = Z_a \cdot (w_l + w_e) + \frac{N}{25} \cdot J,$$

ist ferner $w_e = x \cdot w_l$, so wird unter Einfügung des Sicherheitsfaktors 1,25

$$A = 1{,}25 \cdot 9\,a^2 \cdot (1 + x)\,\frac{187}{a^2} + \frac{N}{25} \cdot J$$

$$A = 2100\,(1 + x) + \frac{N}{25} \cdot J.$$

Im Mittel kann $x = \frac{3}{4}$ gesetzt werden, somit wird

$$A = 2100 \cdot \frac{7}{4} + \frac{N}{25} \cdot J$$

$$A \sim 3700 + \frac{N}{25} \cdot J.$$

Beispiel:

$J = 500 \quad E_p = 110$ (Fig. 9 u. 10) $\qquad g^2 = \frac{500}{6 \cdot \pi} = 26{,}5$

$\beta = 6$

$a^2 = 2350 \cdot 50 \cdot 1{,}4 \cdot g^3 \cdot 0{,}0132 \qquad g = 5{,}15 \sim 5{,}2 \quad g' = 7{,}3$

$\quad = 297\,000$

$a = 545 \quad n = 556 \qquad N = \frac{\pi\,a}{g'} = 234 \quad g_n = 2{,}6$

$A \sim 9000 \qquad h = 109$

$b = 30{,}3,$

geändert in 60.

Trommelmaschine mit Hufeisenmagnet.
(Quadratische Trommel ohne Nuthen.)

Aus Rücksicht auf die gestellte Bedingung, dass die Maschine ohne weiteres eine Spannungssteigerung zulassen soll, und auf den Umstand, dass bei stärkerer magnetischer Sättigung das Modell grosse Kraftlinienstreuung giebt, soll hier nur eine Ausführungsart mit erheblichem Schenkelquerschnitt behandelt werden.

Die Trommel berechnet sich genau wie früher, daher ist

$$a^2 = 4000\, w_a \cdot \varkappa \cdot a \cdot g^3 \qquad N = \frac{\pi\, a}{2\, g'}$$

$$g^2 = \frac{2\, J}{\pi\, \beta} \qquad Z_a = 50\, a^2 \qquad n = 120\, \frac{E\, g'}{\pi \left(\dfrac{a}{100}\right)^3}.$$

Die Maschine ist in Bezug auf Trommeldimensionen und Tourenzahl identisch mit der Lahmeyer-Maschine.

Den Schenkelquerschnitt nehmen wir rechteckig an von einer Breite gleich derjenigen der dreifachen Ringbreite der Trommelbleche, d. h. $= 0{,}96\, a^2$ qmm.

Bezüglich der Schenkelwickelung gelten folgende Festsetzungen:

Die Länge einer mittleren Windung ist in Millimeter

$$l_n = 4{,}5 \cdot a.$$

Die Windungszahl

$$W = \frac{A}{0{,}03\, J}.$$

$$W = \frac{2\, b \cdot h}{g'^2_n}$$

$$b = \frac{W\, g'^2_n}{2\, h} = \frac{A\, g'^2_n}{0{,}06\, J\, h} \qquad (h = 0{,}3\, a)$$

$$w_n = \frac{W \cdot l_n}{1000} \cdot \frac{4}{\pi\, g_n^2\, \varkappa} = \frac{E_p}{0{,}03\, J}$$

$$\frac{E_p}{0{,}03\, J} = \frac{A}{0{,}03\, J} \cdot \frac{4{,}5\, a \cdot 4}{1000\, \pi\, g_n^2 \cdot \varkappa}$$

$$g_n^2 = \frac{A \cdot 18\, a}{1000 \cdot \pi \cdot E_p \cdot \varkappa}.$$

Die Ampèrewindungen

$$A = Z_a (w_l + w_e \cdot F_s) + \frac{N}{8} \cdot J$$

$$= 50\,a^2\,(w_l + w_e \cdot F_s) + \frac{N}{8} \cdot J.$$

Der Luftwiderstand ist wieder (bei gleicher Umfassung $\frac{5}{4}\,a$) wie bei der Lahmeyer-Form

$$w_l = \frac{12{,}8\,(g' + 4)}{a^2}\,.$$

Hier kann gesetzt werden $F_s \cdot w_e = 0{,}5 \cdot w_l$.
Es folgt

$$A = 1{,}25 \cdot 50\,a^2 \cdot 1{,}5 \cdot \frac{12{,}8\,(g' + 4)}{a^2} + \frac{N}{8} \cdot J$$

$$\boldsymbol{A = 1200\,(g' + 4) + \frac{N}{8} \cdot J.}$$

Die magnetisirende Kraft etwa doppelt so gross als bei der Lahmeyer'schen Anordnung.

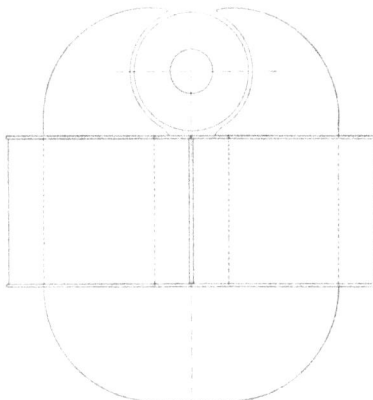

Fig. 11.   Fig. 12.

Maassstab 6 : 100.

Beispiel:

$J = 100, \quad E_p = 110, \quad \beta = 6$ (Fig. 11 u. 12.)

$g = 3{,}3$

$g' = 4{,}6$

$$g_n{}^2 = 4,7$$
$$\boldsymbol{g_n = 2,2} \qquad \boldsymbol{g_n' = 2,85}$$
$$b = \frac{8,2 \cdot 19000}{6 \cdot 78} = 333 \qquad h = 78.$$

Durchrechnung:

$$w_l = 0,00182 \qquad\qquad Z_a = 3\,380\,000 \qquad \sigma_a = 0,4 \qquad \varrho_a = 0,72$$
$$w_a = 0,00006 \qquad\qquad q_s = 650 \qquad\qquad \sigma_s = 0,29 \qquad \varrho_s = 0,32$$
$$w_s = \frac{58 \cdot 3}{650} \cdot 0,0087 \cdot 0,32 \quad Z_{max.} = 8\,580\,000$$
$$\underline{ = 0,00074 \qquad\qquad} Z_s = 4\,100\,000$$
$$w_e = 0,0008$$
$$w = 0,00262$$
$$A = 9500 + 1120$$
$$\boldsymbol{A \sim 11000.}$$

Wird diese Maschinengattung nicht für variable, sondern für konstante Spannung gebaut, so kann man dieselbe auch mit geringerem Schenkelquerschnitt ausführen und erhält so das etwas leichtere Modell Fig. 13 u. 14.

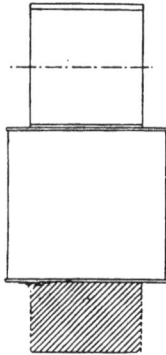 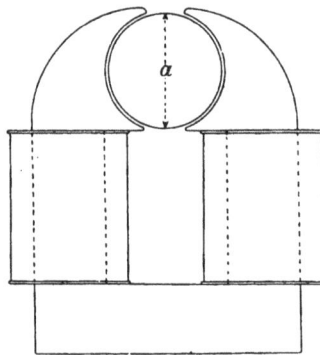

Fig. 13.   Fig. 14.

Maassstab 6 : 100.

Innenpolmaschine.

Durch die Praxis der von Siemens & Halske gebauten Maschinen hat sich erwiesen, dass eine Bewickelung des Ringes mit besponnenem Draht und die Anwendung eines besonderen Stromsammlers nicht so zweckmässig ist als eine Belegung des

Ankers mit blanken Kupferschienen. Wir führen daher die Rechnung für diesen Fall durch und nehmen an, dass die Maschine vierpolig ist.

Wir bezeichnen wieder den Durchmesser der wirksamen Cylinderfläche, d. h. diesmal den inneren Durchmesser des Ringes mit a und beziehen die anderen Maasse auf denselben.

Die Form des Querschnittes für den Ring ist in gewissem Grade wieder willkürlich; doch spricht der Umstand, dass nur die innere Seite wirksam ist, für einen gestreckt rechteckigen Querschnitt. Ein angemessenes Verhältniss von Breite zu Länge des Rechtecks ist 1 : 3.

Fig. 15.

Die Innenfläche (Fig. 15) wird mit Quadratkupfer belegt, die seitlichen Verbindungen werden aus Blechstreifen herge-stellt, die äussere Belegung aus Kupferleisten. Diese erhalten mindestens den vierfachen Querschnitt der inneren Drähte, während die seitlichen gleichstark wie dieselben sind. Hieraus ergiebt sich der elektrische Widerstand der unwirksamen zur wirksamen Belegung im Verhältniss = 0,95.

Die Isolation wird durch Pressspahn hergestellt.

Die Rechnung gestaltet sich wie folgt:

Die Quadratseite des Kupfers der inneren Belegung sei g, g' die Summe von g + Pressspahndicke.

Dann ist die Anzahl der Windungen

$$N = \frac{\pi a}{g'} \cdot$$

Der Widerstand eines Stäbchens der inneren Belegung von der Länge c' ist, falls mit c die Breite des Ringes in Milli-meter bezeichnet wird,

$$w_{st} = \frac{c'}{1000 \cdot g^2 \cdot \varkappa} \quad \text{und} \quad c' = c + \Delta,$$

da das Kupfer etwas länger ist als die Ringbreite c.

Der Widerstand einer Windung nach obigem

$$1{,}95\,w_{st} = \frac{1{,}95\,c'}{1000 \cdot g^2 \cdot z} \cdot$$

Gute Verhältnisse erhält man bei

$$c = \frac{a}{4} \cdot$$

Der Widerstand des Ankers wird somit gesetzt werden können

$$w_a = \frac{N}{4} \cdot \frac{a}{2 \cdot 4000\,g^2\,z}$$

oder, falls $g' = a \cdot g$,

$$w_a = \frac{\pi\,a^2}{32\,000 \cdot g^3 \cdot a \cdot z},$$

woraus folgt:

$$a^2 = \frac{32\,000 \cdot w_a \cdot g^3 \cdot a \cdot z}{\pi} \cdot$$

Bei der Belastung β der inneren Belegung ist

$$g^2 \cdot \beta = \frac{J}{4}$$

$$g^2 = \frac{J}{4\,\beta} \cdot$$

Die Länge der halben Polschuhperipherie ist $\frac{a}{4}$.

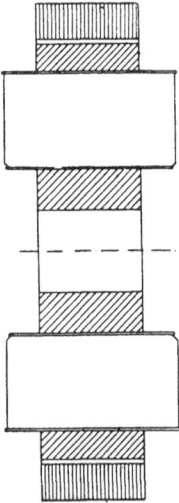

Fig. 16.

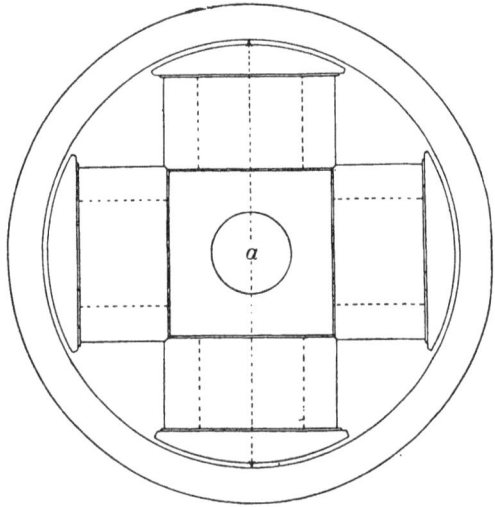

Fig. 17.

Maassstab 6 : 100.

Das magnetische Feld darf mit Rücksicht auf die Kleinheit des Ringquerschnittes und die Grösse der Polschuhe, sowie die grössere Kraftlinienstreuung nur etwa 2500 pro Quadratcentimeter betragen, daher wird der Magnetismus im Ankerviertel

$$Z_a = 25 \cdot c \cdot \frac{a}{4}$$

$$Z_a = a^2 \frac{25}{16}.$$

Die Tourenzahl ist

$$n = \frac{30 \cdot E}{Z_a \cdot N} \cdot 10^8 = \frac{16 \cdot 30 \cdot E \cdot g'}{25 \cdot \pi \cdot a \cdot a^2} \cdot 10^8$$

$$n = 1920\,000\,000 \, \frac{E \, g'}{\pi \, a^3}.$$

Oder

$$n = \frac{192 \cdot E \cdot g'}{\pi \cdot \left(\dfrac{a}{100}\right)^3}.$$

Die Festsetzungen über den elektrischen Wirkungsgrad ergeben

$$w_a = \frac{0{,}06 \, E_p}{J}$$

$$J_n = 0{,}03 \, J$$

$$w_n = \frac{E_p}{0{,}03 \, J}$$

$$l_n = 2\left(\frac{a}{4} + \frac{a}{4}\right) \cdot \gamma$$

$$l_n \sim a \cdot \gamma \quad (\gamma = 1{,}4).$$

Es ist weiter wie bei der Aussenpolringmaschine

$$b = \frac{A \cdot a_1^2 \cdot g_n^2}{0{,}03 \, J \cdot h \cdot 2} \quad \left(h = 0{,}3 \, \frac{a}{4}\right)$$

$$w_n = \frac{E_p}{0{,}03 \, J} = \frac{W \cdot l_n}{1000} \cdot \frac{4}{\pi \, g_n^2 \cdot \varkappa} \cdot \frac{A \cdot 2}{0{,}03 \, J} = \frac{a \cdot \gamma \cdot 4}{1000 \, \pi \, g_n^2 \cdot \varkappa}$$

$$g_n^2 = \frac{8 \, A \cdot a \cdot \gamma}{1000 \, \pi \cdot E_p \cdot \varkappa}$$

$$A = Z_a \left(w_l + w_e \cdot F_s \right) + \frac{N}{25} \cdot J$$

$$F_s \cdot w_e = x \cdot w_l$$

$$A = \frac{25}{16} a^2 \left(1 + x \right) w_l + \frac{N}{25} \cdot J.$$

Der Abstand zwischen Ring und Polschuhen muss eine
verhältnissmässig ähnlich grosse Abmessung erhalten, wie bei
den Trommelmaschinen, d. h. wegen der räumlichen Ausdehnung des Ringes z. B. 3,5 mm. Rechnen wir wieder 1,5 mm
Isolation, so folgt der magnetische Widerstand der Luft

$$A_l = 0,8 \cdot 2 \cdot (g + 5) \cdot 250,$$

somit unter Einfügung eines Sicherheitsfaktors 1,35

$$\boldsymbol{A \sim 550 \, (g + 5) \, (1 + x) + \frac{N}{25} \cdot J}$$

x kann $= 0,4$ angenommen werden.

Berechnung einer Innenpolmaschine. (Fig. 16 u. 17.)

$$J = 500$$

$$E_p = 110$$

$$\beta = 6$$

$$g^2 = \frac{500}{24} = 20,83$$

$$\boldsymbol{g = 4,56 \sim 4,6}$$

$$a^2 = 32000 \cdot 0,0132 \cdot 4,6^3 \cdot 1,4 \cdot \frac{50}{\pi} = 916000 \qquad \boldsymbol{a = 957}$$

$$\boldsymbol{n = 521}$$

$$A = 550 \cdot 9,6 \cdot 1,4 + \frac{468}{25} \cdot 500 \qquad\qquad N = \frac{\pi \cdot 957}{4,6 \cdot 1,4} = 467$$

$$= 7400 + 9360 \qquad\qquad\qquad\qquad \boldsymbol{N \sim 468}$$

$$\boldsymbol{A \sim 17000}$$

$$g_n^2 = \frac{8 \cdot 17000 \cdot 957 \cdot 1,4}{1000 \cdot \pi \cdot 110 \cdot 55} = 9,6$$

$$\boldsymbol{g_n \sim 3,1}$$

$$b = \frac{17000 \cdot 1,4^2 \cdot 9,6}{15 \cdot 70 \cdot 2} = 152 \text{ geändert in } 200.$$

Nachdem wir im vorstehenden Gleichungen aufgestellt haben, nach welchen wir Dynamomaschinen der vier Arten berechnen können, wollen wir mit Hülfe einzelner Beispiele Schlussfolgerungen über die Eigenschaften der Dynamoformen ziehen. Wir stellen zu diesem Zweck die Ergebnisse der mitgetheilten Rechnungen zusammen.

Wir haben gefunden bei

$$J = 500$$
$$E_p = 110$$
$$\beta = 6$$

Lahmeyer: Quadrattrommel ohne Nuthen . . . . . $n = 700$
$A = 19\,000$
$a = 380$

Quadrattrommel mit Lochanker . . . $n = 610$
$A = 10\,000$
$a = 390$

Lange Trommel mit Lochanker . . . $n = 543$
$A = 10\,000$
$a = 368$

Beringer . . . . $n = 556$
$A = 9000$
$a = 545$

Hufeisenmagnet: Quadrattrommel ohne Nuthen . . $n = 790$
$A = 20\,000$
$a = 380$

Innenpole . . . . $n = 521$
$A = 17\,000$
$a = 957.$

Aus diesen Zahlen erkennen wir folgendes:

Der Unterschied in den Tourenzahlen der Maschinen mit Nuthen und derjenigen ohne Nuthen ist ziemlich bedeutend; das Verhältniss ist etwa wie 3 : 4 bei der mitgetheilten Leistung.

Ein weiterer bedeutender Vorzug der Nuthenanker zeigt sich in den aufzuwendenden Ampèrewindungen und demgemäss auch in der nothwendigen Drahtmenge.

Der Ringdurchmesser der Beringer-Maschine ist in Folge zweckmässigster Nuthendimensionierung nicht so viel bedeutender als derjenige der Trommelmaschinen, als man wegen der Eigenschaften des Ringes zu erwarten geneigt ist.

Die Hufeisenmagnetmaschine steht in Bezug auf die magnetischen Eigenschaften hinter der Lahmeyer'schen Anordnung wesentlich zurück. Es soll indessen nicht unerwähnt bleiben, dass die Anwendung von Nuthenankern und demgemäss Verringerung der Ampèrewindungen nicht ausgeschlossen ist.

Die Innenpolmaschine erfordert hohe Ampèrewindungszahl, entsprechend den Streuungsverhältnissen und dem hohen Luftwiderstande.

Für kleinere Maschinen haben wir ebenso gefunden:

Bei $J = 100$
$$E_p = 110$$
$$\beta = 6$$

Lahmeyer: Quadrattrommel ohne Nuthen . . $n = 1150$
$A = 11000$
$a = 260$

Lange Trommel ohne Nuthen . . $n = 1180$
$A = 11000$
$a = 235$

Hufeisenmagnet . . . . $n = 1150$
$A = 17000$
$a = 260.$

Aus diesen Zahlen können wir weiter noch ersehen, dass bei kleineren Maschinen ein ziemlich merkbarer Unterschied des Durchmessers zwischen quadratischer und rechteckiger Trommel besteht, dass dagegen für grössere Leistung und Nuthenanker jener Unterschied fast verschwindet. Es dürfte sich daher für grössere Maschinen eine Quadrattrommel mit Nuthen am meisten empfehlen.

Bezüglich der verschiedenen Magnetformen bleibt zu bedenken, dass dieselben verschiedene Eisenmassen und verschiedene Arbeit erfordern; falls man sich daher zu einer oder anderer Form entschliessen will, ist auch dieser Punkt zu berücksichtigen.

Am meisten dürfte wohl die Frage nach der Tourenzahl interessiren, und gerade hierüber geben uns die vorstehenden Zahlen die eigenthümlichste Auskunft. Es folgt nämlich aus denselben, dass es fast gleichgültig ist, ob wir eine Lahmeyermaschine mit langer Trommel und Nuthen, ob eine Beringermaschine oder eine Innenpolmaschine wählen. Die Touren-

zahlen sind nahezu gleich. Rechnen wir die verhältnismässig
älteste Maschine mit Hufeisenmagnet, jedoch mit starken
Schenkeln und Nuthenanker hinzu, so wird auch diese den
anderen nicht allzusehr nachstehen.

Dieser am meisten umstrittene Punkt, die niedrige Tourenzahl, erledigt sich also dahin, dass alle Maschinen — natürlich
unter den im Anfange angegebenen Bedingungen — nicht viel
von einander abweichen.

Allerdings knüpft sich daran sofort die weitere Frage, wie
es kommt, dass wir bei dieser schon verhältnissmässig nicht
mehr geringen Leistung Tourenzahlen erhalten, welche wesentlich über den von mehreren Fabriken angegebenen liegen.

Abgesehen davon, dass wir es vollkommen in der Hand
haben, für dieselbe Leistung grössere Modelle als die berechneten zu wählen, welche auch eine geringere Tourenzahl
bedingen, müssen wir hier wiederum darauf aufmerksam machen,
dass sehr selten der elektrische Wirkungsgrad jener „langsam
laufenden" Maschinen die hier vorgeschriebene Grösse 0,9 erreicht, und, wenn höher angegeben, häufig auf Irrthum beruht,
da die Erwärmung der Maschinentheile und der dadurch her-
beigeführte Energie- (Spannungs-) Verlust nicht genügend be-
rücksichtigt sind. Weiter aber werden viele Maschinen magnetisch so hoch beansprucht, dass ein wesentliches Mehr (ohne
Erhöhung der Tourenzahl) unter keinen Umständen ge-
leistet werden kann, weil alle Theile bis auf das Aeusserste
beansprucht sind.

Beabsichtigen wir demnach eine Maschine nach diesen
Gesichtspunkten nur von möglichst geringer Tourenzahl zu
konstruiren, so müssen wir uns zunächst darüber schlüssig
machen, wie weit wir mit dem elektrischen Wirkungsgrade
zurückgehen wollen. Wir haben dabei zu bedenken, dass
gerade dieser uns am meisten von allen Faktoren einen Zwang
auferlegt, und dass eine nur ganz geringe Aenderung desselben
den Widerstand des Ankers schon bedeutend beeinflusst. Wir
haben 6 % der äusseren Energie als Verlust im Anker angenommen und erhielten hierbei den elektrischen Wirkungsgrad
0,913; wählen wir einen doppelt so grossen Ankerwiderstand,
so wird der Wirkungsgrad 0,857, bleibt daher immer noch in
den Grenzen derjenigen Grössen, welche man häufiger findet.

Wenn wir aber bedenken, dass wir hiernach einen weit schwächeren Draht und grössere Windungszahl für die Ankerwickelung nehmen könnten, so erkennen wir, welche durchgreifende Veränderung die Maschine in Bezug auf ihre Tourenzahl durch eine Herabsetzung des Wirkungsgrades um nur 5 % erfährt. Da unserer Berechnung durchaus günstige Verhältnisse zu Grunde liegen, giebt uns somit die Tourenzahl bestehender Maschinen zugleich ein Bild von ihrem elektrischen Wirkungsgrade, je geringer die Tourenzahl, desto geringer unter gleichen Verhältnissen auch der Wirkungsgrad.

In Folge dessen beweist auch der Umstand, dass manche grossen und dabei langsam laufenden Maschinen trotzdem einen sehr hohen Wirkungsgrad besitzen, wie es z. B. von den grossen Innenpoldynamos von Siemens & Halske berichtet wird, dass jene Maschinen die genannten Eigenschaften auf Grund geringer Beanspruchung besitzen. Die Güte eines Faktors hat also auch andere gute Eigenschaften zur Folge.

Es muss übrigens erwähnt werden, dass die Maschine, falls man sie mit nicht normaler Spannung laufen lässt, eine andere Anzahl Voltampère leistet, als bei normaler Spannung.

Ueber die praktische Dimensionirung der Maschinenschenkel ist noch Folgendes zu sagen.

Für die Spulenstücke der Lahmeyer'schen Form ist es zweckmässig, einen nicht zu kleinen Querschnitt zu wählen; der Rechnung zu Grunde gelegt ist der Querschnitt a^2. Der übrige Theil des magnetischen Schlusses kann entsprechend der von Lahmeyer beobachteten nützlichen Kraftlinienstreuung[1] einen etwas geringeren Querschnitt erhalten. Ob man den magnetischen Schluss wie bei Lahmeyer theilen oder in der in der Zeichnung (Fig. 2, 3, 4, 5, 7, 8) wiedergegebenen Form ausbilden will, bleibt dem Ermessen des Konstruirenden überlassen. Für die Feststellung des Querschnittes der Bodenplatte ist zu beachten, dass die mitangegossenen Lagerbockfundamente hinzuzurechnen sind.

Für die Beringer-Maschine dürfte sich die Durchführung des gleichbleibenden Querschnittes empfehlen (Fig. 9 u. 10).

---

[1] Elektrotechn. Zeitschr. 1888. S. 282.

Bei der Hufeisenmagnetmaschine muss man unter allen Umständen mit dem Schenkelquerschnitt auf die Neigung zur Kraftlinienstreuung Bedacht nehmen und zweckmässig im Joch den Schenkelquerschnitt beibehalten (Fig. 13 u. 14). Die Jochecken dürfen durch ein Kreisviertel abgerundet werden.

Die Innenpolmaschinen erhalten für direkte Kuppelung gewöhnlich eine grosse runde Oeffnung im Magnetkreuz, durch welche die Achse geht, doch sollte in der Mitte eine Querschnittsvergrösserung angestrebt werden (Fig. 16 u. 17).

Zum Schluss mag noch auf ein einfaches Verfahren zur Konstruktion grosser vielpoliger, sehr langsam laufender Innenpolmaschinen aufmerksam gemacht werden. Man wähle für den Ringbelag einen Strom von z. B. 250 Ampère, berechne eine vierpolige Maschine für $4 \cdot 250 = 1000$ Ampère, behalte Ringquerschnitt und Schenkelstückdimensionen bei und wähle für den Strom J der grossen Maschine $\dfrac{J}{250}$ Pole. Die Tourenzahl ist so zu bestimmen, dass die innere Ringperipheriegeschwindigkeit dieselbe ist, wie bei der berechneten Hülfsmaschine. Die Belastung β nehme man so klein (3 bis 4), dass die Tourenzahl die erforderliche wird.

Dasselbe Verfahren lässt sich auf die Aussenpolringmaschine anwenden.

Bei der Ausführung des Kollektors ist zu beachten, dass für vierpolige Ringmaschinen die Anzahl der Kollektortheile und der Windungen des Ankers zweckmässiger Weise durch 4 theilbar sein soll; bei zweipoligen soll dieselbe eine gerade Zahl sein, falls eine stets gleichartige Belastung beider Ankerhälften verlangt wird, doch ist in beiden Fällen auch eine ungerade Zahl zulässig, falls die Anzahl nur genügend gross ist. Die Wickelung ist stets gut ausführbar. Sollen mehrere Windungen des Ankers auf ein Kollektorsegment entfallen, so muss die Zahl der Ankerwindungen ausserdem noch durch die betreffende Anzahl, z. B. 2, zu dividiren sein.

Die Bewickelung des Ankers kann entweder, besonders bei den kleineren Maschinen, mit der berechneten Drahtstärke in einer Lage oder mit parallelgeschalteten dünneren Drähten gleichen Totalquerschnittes und gleicher Windungszahl ausgeführt werden.

4*

Auch kann man die nicht wirksamen Drähte (an der Stirn-
seite der Trommel) behufs Verbesserung des Wirkungsgrades
verstärken.

Der Trommelanker erhält durch Anbringung von Aus-
sparungen zweckmässig eine Centrifugalventilation. Es werden
zu diesem Ende an etwa drei Stellen Eisenstäbchen in radiärer
Richtung zwischen die Blechringe gelegt und so Luftkanäle
geschaffen, welche mit dem cylindrischen Luftraum um die
Achse kommuniciren (Fig. 18).

Die Herstellung der Bewickelung des Ankers erfordert bei
Trommeln ohne Nuthen die Zuhülfenahme von Stiften aus sehr
festem Holz, welche in die die Trommelbleche von beiden
Enden abdeckenden Rothgussstücke (Fig. 8 u. 18) eingeschlagen

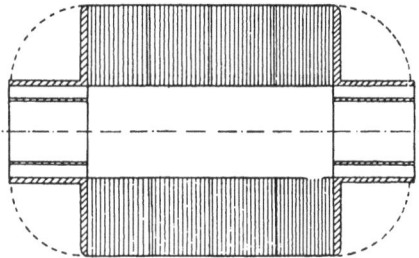

Fig. 18.

werden können. Für die Stifte ist der Raum als ausreichend
betrachtet, welcher durch Zusammendrücken der für den Durchmesser a berechneten Drähte auf der mit 1,5 mm Isolation be-
legten Trommel von der Eisendimension a entsteht; dieselben
müssen daher ganz flach sein. Besondere, breite Ventila-
tionszwischenräume zwischen den Ankerdrähten zu lassen,
dürfte nicht nothwendig sein, da die Wickelung so wie so kein
vollständig zusammenhängendes Ganzes bildet, und jene Aus-
sparungen die Maschine stark vergrössern; werden jedoch
solche Zwischenräume gewünscht, so lässt sich die nothwendige
Aenderung ohne Weiteres vornehmen, indem man entweder nur
den Trommeldurchmesser oder alle Maschinendimensionen, sowie natürlich auch die Drahtstärke der Ankerbewickelung vergrössert.

Der Einfluss der Hysteresis auf die Leistung ist zu vernachlässigen, derjenige der (stets) ungleich vertheilten Anziehungskräfte jedoch für die Achsendimensionirung zu berücksichtigen.

Bestimmung der Wickelung für ein vorhandenes Modell.

Nachdem wir im Vorstehenden Formeln entwickelt haben, mit Hülfe deren man Dynamomaschinen verschiedener Form für eine beliebige Spannung und Stromstärke bestimmen kann, soll nunmehr der Fall betrachtet werden, dass man ein vorhandenes Modell, das für eine bestimmte Leistung gebaut ist, für eine andere Spannung, als der Rechnung zu Grunde gelegen hat, wickeln will, oder dass man das Modell mit einer anderen Tourenzahl zu betreiben beabsichtigt, als die Rechnung ergeben hat.

In jenem Fall wird man aus technischen und kommerziellen Gründen den Wunsch haben, aus dem Modell bei der veränderten Spannung die frühere Leistung in Watt herauszunehmen, was auch durch die Betriebsverhältnisse und physikalischen Eigenschaften selbst gerechtfertigt ist. In letztgenanntem Fall dagegen kann man annehmen, dass die Leistung sich der Aenderung der Tourenzahl ungefähr proportional ändern soll.

Wir betrachten zunächst die Berechnung der Wickelung für eine Spannung, welche von derjenigen, für welche die Maschine ursprünglich berechnet war, nicht sehr weit verschieden ist. Es werde daher z. B. verlangt, dass eine für 110 Volt gebaute Maschine eine Wickelung für 67 Volt erhalten soll.

Da die Dimensionen der Maschine sämmtlich gegeben sind, so handelt es sich demgemäss lediglich um die Wahl einer passenden Drahtstärke, indem wir hierbei voraussetzen, dass auch die neue Maschine — und dies ist zulässig, weil die neue Spannung von der alten nicht sehr weit entfernt liegt — nur eine Lage Draht erhält. Die praktische Durchführung dieser Rechnung dürfte am besten ein konkretes Beispiel lehren. Wir

wählen hierzu eine Quadrattrommelmaschine Lahmeyer'scher
Form, welche für 110 Volt und 100 Ampère berechnet ist, d. h.
unser Maschinenbeispiel 1.

Die Dimensionen der Maschine sind aus der früheren Berechnung ersichtlich; insbesondere ist die Ankerdimension
$a = 260$ und die Tourenzahl $n = 1150$.

Die Maschine soll mit der neuen Wickelung wiederum
11 000 Watt bei 1150 Touren leisten, d. h. es soll sein

$$E_p = 67$$
$$J = 164.$$

Es mag nun versuchsweise wie früher gesetzt werden $\beta = 6$
und für die Erregung wieder ca. 3 % der Gesammtenergie angenommen werden, mit der Absicht, die Maschine für 67 Volt
mit demselben Wirkungsgrad, im Ganzen und in den einzelnen
Theilen arbeiten zu lassen, wie früher für 110 Volt zu Grunde
gelegt war. Durch den Anker fliessen daher $1{,}03 \cdot 164 \sim 170$
Ampère. Für $\beta = 6$ folgt daher der Querschnitt des Ankerdrahtes

$$q = \frac{170}{2} \cdot \frac{1}{6} \sim 14 \; qmm$$

oder

$$g \sim 4{,}1$$

und

$$g' = \alpha \cdot g = 1{,}3 \cdot 4{,}1 = 5{,}3.$$

Die Windungszahl des Ankers ergiebt sich daher

$$N = \frac{260 \cdot \pi}{2 \cdot 5{,}3} = 77.$$

Wir könnten die Ankerwickelung mit dieser Drahtstärke
in der Weise ausführen, dass wir einen Kollektor mit 26 Theilen
à 3 Windungen anwenden, wobei der Anker 78 Windungen
erhielte, für die bei entsprechender Wahl der Bespinnung
jedenfalls Platz vorhanden wäre. Wir wollen jetzt feststellen,
ob diese Ankerwickelung den früheren Bedingungen über den
Spannungsverlust entspricht.

Wie früher ist

$$L = \frac{N \cdot 5 \cdot a}{2} = \frac{78 \cdot 5 \cdot 260}{2} = 50\,700 \; mm$$
$$= 50{,}7 \; m$$

und demgemäss der Spannungsverlust im Anker

$$E_v = \frac{50,7 \cdot 85}{50 \cdot 13,2} = 6,52.$$

Wie wir sehen, würden in der berechneten Ankerwickelung gegen 10% der Spannung verloren gehen. Da dieser Verlust zu hoch ist, so müssen wir den Widerstand des Ankers verringern, indem wir eine grössere Drahtstärke und demgemäss geringere Belastung wählen. Statt $\beta = 6$ wollen wir daher setzen

$$\beta = 4.$$

Es ergiebt sich hierbei der Querschnitt des Ankerdrahtes

$$q = \frac{85}{4} \sim 21.$$

Wir nehmen als Drahtstärke an

$$g \sim 5$$

und

$$g' = 1,3 \cdot 5 = 6,5.$$

Hiermit erhalten wir

$$N = \frac{260\,\pi}{2 \cdot 6,5} = 62,7 \sim 62.$$

Wir wählen hierfür 31 Kollektortheile à 2 Windungen. Hierbei erhalten wir

$$L = \frac{N \cdot 5 \cdot a}{2} = \frac{62 \cdot 5 \cdot 260}{2} = 40\,300\,mm$$
$$= 40,3\,m.$$

Der Spannungsverlust im Anker wird

$$E_v = \frac{40 \cdot 85}{50 \cdot 19,6} = 3,47.$$

Wir ersehen aus diesem Ergebniss, dass die letztberechnete Bewickelung ziemlich geeignet ist.

Wir berechnen nunmehr die magnetischen Verhältnisse. Für dieselben gilt

$$Z_a = \frac{30 \cdot E \cdot 10^8}{N \cdot n}$$
$$= \frac{30 \cdot 70,3 \cdot 10^8}{62 \cdot 1150} = 2\,970\,000$$

Der Eisenabstand (die Entfernung zwischen Anker- und Schenkeleisen) beträgt

$$g' + 4 = 6{,}5 + 4 = 10{,}5 \; mm.$$

Es wird daher

$$A_l = \frac{0{,}8 \cdot 2{,}1 \cdot Z_a}{{}^5/_4 \cdot 26^2} = \frac{0{,}8 \cdot 2{,}1 \cdot 4}{5 \cdot 26^2} \cdot 2970000$$
$$= 5900.$$

Ferner:

$$Z_s = 2\,970\,000 \cdot 1{,}1 = 3\,270\,000$$

und

$$Z_{s_{qcm}} = \frac{3\,270\,000}{26^2} = 4830.$$

Die mittlere Kraftlinienlänge im Schenkeleisen beträgt

$$l_s = 160 \; cm.$$

Somit sind für das Schenkeleisen, wie wir aus der Kurventafel ersehen, an Ampèrewindungen erforderlich

$$A_s = 160 \cdot 10 = 1600.$$

Die Rückwirkung des Ankerstromes rechnen wir der Sicherheit wegen

$$A_r = 0{,}6 \cdot \frac{N \cdot J}{2^2}$$
$$= 0{,}6 \cdot 31 \cdot 85 = 1580.$$

Die für das Ankereisen erforderlichen Ampèrewindungen sind, wie im Allgemeinen, sehr gering und zu vernachlässigen.

Wir setzen demgemäss die erforderlichen Gesammt-Ampèrewindungen

$$A \sim 9000.$$

Wollten wir die Maschine wieder zum Laden von Akkumulatoren einrichten, so hätten wir der Sicherheit wegen zu setzen

$$A = 1{,}25 \cdot 9000 \sim 11\,000,$$

d. h. wieder denselben Werth wie bei 110 Volt.

Wir nehmen an, dass der Wickelraum genau derselbe bleibt wie bei 110 Volt.

Die mittlere Länge einer Windung des Nebenschluss-drahtes ist

$$l_n = 1,4 \; m.$$

Unter diesen Umständen gilt

$$g_n{}^2 = \frac{A \cdot l_n \cdot 4}{\pi \cdot 55 \cdot E_p}$$

oder

Drahtquerschnitt $q_n = \dfrac{A \cdot l_n}{55 \cdot E_p}$,

d. h. hier

$$g_n{}^2 = \frac{A \cdot l_n \cdot 4}{\pi \cdot 55 \cdot 67}$$

$$= \frac{9000 \cdot 1,4 \cdot 4}{\pi \cdot 55 \cdot 67} = 4,35$$

$$g_n = 2,09 \sim 2,1$$

$$g_n' = 1,4 \cdot 2,1 \sim 2,9.$$

Da

$$b = 130$$
$$h = 78,$$

so ist die Gesammtwindungszahl der beiden hintereinanderge-schalteten Schenkelspulen

$$W = 2 \cdot \frac{130}{2,9} \cdot \frac{78}{2,9}$$

$$= 2 \cdot 45 \cdot 27 = 2430$$

und der Widerstand des Nebenschlusses

$$w_n = \frac{W \cdot l_n \cdot 4}{\pi \cdot g_n{}^2 \cdot 55} = \frac{2430 \cdot 1,4 \cdot 4}{\pi \cdot 2,1^2 \cdot 55} = 17,9 \; \text{Ohm.}$$

Die Stromstärke im Nebenschluss

$$J_n = \frac{67}{17,9} = 3,73$$

und die effektiven Ampèrewindungen

$$A = 3,73 \cdot 2430 = 9100.$$

Hätte man behufs Ladung von Akkumulatoren den Sicher-heitsfaktor 1,25 eingeführt ($A = 11000$ s. o.), so wäre daraus gefolgt

$$g_n{}^2 = \frac{11\,000 \cdot 1,4 \cdot 4}{\pi \cdot 55 \cdot 67} = 5,32$$

$$g_n = 2,3.$$

Da, wie sich gezeigt hat, die Stromstärke im Nebenschluss den zulässigen Werth nicht übersteigt, so genügt die berechnete Wickelung den gestellten Anforderungen.

Man kann auch unter Umgehung der Zwischenrechnungen die Belastung β in Amp./qmm direkt ermitteln aus der Gleichung

$$\beta = \frac{A_1 \cdot a^2 \cdot 4}{\pi \cdot b \cdot h}, \text{ im Mittel} = \frac{A_1 \cdot 2,2}{b \cdot h}.$$

$A_1 =$ Ampèrewindungen pro Spule.

Führen wir in der gleichen Art wie in dem eben behandelten Fall Rechnungen über die Wickelung derselben Maschine für andere Spannungen durch, so ersehen wir aus denselben, dass man, um die Betriebsverhältnisse nicht zu ändern, mit der Belastung des Ankerdrahtes β um so weiter heruntergehen muss, je weiter die Spannung erniedrigt wird. Ebenso muss man β erhöhen, wenn die Spannung höher gewählt wird. Voraussetzung ist hierbei, dass die Maschinen stets mit nur einer Drahtlage auf dem Anker ausgeführt werden. Wie im späteren Kapitel über die Hysteresis dargelegt werden wird, zeigt sich zugleich, dass die Maschinen mit niedrigerer Spannung ein schwächeres magnetisches Feld brauchen und demgemäss einen besseren ökonomischen Wirkungsgrad besitzen. Aus demselben Grunde ist bei denselben eher Funkenbildung zu befürchten.

Handelt es sich darum, ein vorhandenes Maschinenmodell für eine Spannung zu wickeln, welche von der normalen wesentlich verschieden ist, so empfiehlt es sich, nicht mehr eine Drahtlage auf dem Anker zu verwenden. Vielmehr ist man genöthigt, bei hoher Spannung mehrere Drahtlagen zu wählen und bei sehr niedriger weniger als eine, dies so verstanden, dass in diesem Fall mehrere nebeneinanderliegende Drähte parallelgeschaltet sind, während nur einzelne Drähte (nicht mehrere über einander) auf dem Anker zur Verwendung kommen.

Zur Anwendung mehrerer Lagen bei höherer Spannung bestimmt der Fall, dass das magnetische Feld bei Anwendung nur einer Lage unerreichbar stark oder die Beanspruchung des Ankerdrahtes und demgemäss im Allgemeinen auch der Spannungsverlust unverhältnissmässig hoch werden müsste.

Es ist hierbei zu beachten, dass man, wenn bei Anwendung einer Lage die Belastung des Ankerdrahtes zu hoch ist, z. B. $\beta = 8$ bis 10, man bei dem Uebergang zur Anwendung zweier (und mehr) Lagen wieder zu einer niedrigen Belastung, z. B. $\beta = 4$ bis 6, schreiten muss. Bei der praktischen Durchführung dieser Rechnung zeigt es sich sehr bald, wo die geeignete Beanspruchung liegt.

Das vorbeschriebene Verfahren kann zwar als ziemlich einfach bezeichnet werden, beruht aber immerhin mehr oder weniger auf einem Ausprobiren. Im Folgenden soll nun gezeigt werden, dass man die Möglichkeit hat, jedes Probiren zu vermeiden und lediglich durch Rechnung direkt den erforderlichen Drahtdurchmesser zu ermitteln. Diese Methode hat zugleich, wie wir sehen werden, die Eigenschaft, dass dieselbe für jedes nur denkbare Dynamomaschinenmodell anwendbar ist, sie repräsentirt daher eine allgemeine Lösung dieser Aufgabe.

Betrachten wir die im vorigen Abschnitt entwickelten Formeln zur Berechnung der Ankerdimensionen, so erkennen wir, dass dieselben für alle behandelten Modelle die allgemeine Form haben

$$a^2 = \text{const. } w_a \cdot \varkappa \cdot \alpha \cdot g^3.$$

Es ist leicht einzusehen, dass diese Formel allgemeine Gültigkeit besitzt, ganz unabhängig von der Form des Modells; nur der Werth der Konstante ändert sich je nach der Ausführungsart.

Die Gleichung gilt in der entwickelten Form für die Anwendung einer Drahtlage auf dem Anker. Wendet man deren mehrere an, so ist der Formel noch ein Faktor für die Anzahl der Drahtlagen einzufügen; wir erhalten daher als allgemeinsten Ausdruck für die Gesetzmässigkeit

$$a^2 = \text{const. } w_a \cdot \varkappa \cdot \alpha \cdot g^3 \cdot \frac{1}{U},$$

worin U die Anzahl der auf dem Anker übereinanderliegenden Drähte (Drahtlagen) bedeutet.

Für zwei verschiedene Wickelungen eines Ankers gilt daher, wenn wir mit dem Index 1 die eine und mit dem Index 2 die andere Wickelung markiren, die Beziehung

$$\frac{w_{a_1} \cdot \alpha_1 \cdot g_1{}^3}{U_1} = \frac{w_{a_2} \cdot \alpha_2 \cdot g_2{}^3}{U_2} \, .$$

Hieraus folgt

$$\frac{g_1{}^3}{g_2{}^3} = \frac{U_1}{U_2} \cdot \frac{\alpha_2}{\alpha_1} \cdot \frac{w_{a_2}}{w_{a_1}}$$

$$= \frac{U_1}{U_2} \cdot \frac{\alpha_2}{\alpha_1} \cdot \frac{E_{p_2}}{J_2} \cdot \frac{J_1}{E_{p_1}} \, .$$

Setzen wir nun die Leistung des Modells gleich P_1 bezw. P_2, indem wir uns freie Hand behalten, die Leistung zu ändern, so ist

$$J_1 = \frac{P_1}{E_{p_1}} \quad \text{und} \quad J_2 = \frac{P_2}{E_{p_2}} \, .$$

Es wird daher

$$\frac{g_1{}^3}{g_2{}^3} = \frac{U_1}{U_2} \cdot \frac{\alpha_2}{\alpha_1} \cdot \frac{E_{p_2}{}^2}{E_{p_1}{}^2} \cdot \frac{P_1}{P_2} \, .$$

Die neue Wickelung mit der Drahtstärke g_2, welche sich nach dieser Gleichung berechnet, besitzt die Eigenschaft, dass der beliebige procentuale Spannungsverlust im Anker derselbe ist wie bei der ursprünglichen Wickelung.

Will man die soeben abgeleitete Formel für Spannungen benutzen, welche von der ursprünglichen Spannung ziemlich weit entfernt liegen, so kann man sich an der Hand der Formel leicht klar machen, wieviel Drahtlagen man anwenden muss, um ein dem früheren magnetischen Felde ziemlich gleich starkes Feld benutzen zu können, oder ob das neue Feld stärker oder schwächer sein muss als das frühere.

Gehen wir auf unser früheres Beispiel zurück und bestimmen wir mit Hülfe der neuen Formel die Drahtstärke für 67 Volt, so vereinfacht sich die Gleichung wie folgt:

$$\frac{g_2{}^3}{g_1{}^3} = \frac{\alpha_1}{\alpha_2} \cdot \frac{E_{p_1}{}^2}{E_{p_2}{}^2}$$

oder

$$g_2 = \sqrt[3]{\frac{1,4}{1,3} \cdot \frac{110^2}{67^2} \cdot 3,3^3} = 4,7,$$

d. h. der Anker müsste mit Draht von 4,7 *mm* Durchmesser be-
wickelt werden, damit er genau den gestellten Anforderungen
entspricht.

Vergleichen wir den soeben berechneten Werth mit demjenigen, den wir unserer vorhergehenden Rechnung zu Grunde
gelegt hatten, so bemerken wir, dass derselbe kleiner ist als
jener. Dies hängt damit zusammen, dass der Spannungsverlust
bei jener durch Probiren ermittelten Wickelung nicht 6 %,
sondern nur etwa 5 % beträgt. Da es nun bei Anwendung jener
Drahtstärke, 5 *mm*, wie die Rechnung zeigt, keine Schwierig-
keiten bietet, das für jene geringere Windungszahl erforderliche stärkere magnetische Feld zu erzeugen, so ergiebt sich,
dass bei gleicher Anzahl Drahtlagen auf dem Anker dieselbe
Leistung sich bei niedrigerer Spannung mit höherem elektrischen Wirkungsgrade anstandslos erzielen lässt als bei höherer
Spannung. Es ist dies mit ein Grund, der dafür spricht, für
höhere Spannungen mehr Drahtlagen zu verwenden als für
niedrigere Spannungen. Man ersieht nämlich, dass bei gleicher
Anzahl Drahtlagen die Windungszahl für niedrigere Spannungen
im Verhältniss grösser ausfällt und demgemäss das magnetische
Feld nicht so stark zu sein braucht als bei höherer Spannung.
Bei zweckmässiger Bemessung des Schenkelgestelles gleichen
sich die Verschiebungen der verschiedenen Verhältnisse innerhalb der Maschine, welche durch die Aenderung der Windungszahl des erforderlichen magnetischen Feldes und des Eisen-
abstandes bedingt werden, derartig wieder aus, dass die für
die Erregung erforderliche Anzahl Ampèrewindungen innerhalb gewisser Grenzen nahezu konstant bleibt; hierfür ist uns
das durchgerechnete Beispiel einer 11000 Watt-Maschine ein
gewisser Beleg.

Handelt es sich daher darum, für ein vorhandenes Modell
ganz beliebiger Form, von welchem eine gut arbeitende
Wickelung für eine bestimmte Spannung bekannt ist, eine
Wickelung für eine andere Spannung schnell zu bestimmen,
ohne dass auf eine genaue Einhaltung der Tourenzahl besonderer Werth gelegt wird, so hat man nur nöthig, nach der zu-

letzt entwickelten Formel die Stärke des Ankerdrahtes und für die von früher bekannte Anzahl Ampèrewindungen auf den Schenkeln die Schenkelwickelung in ähnlicher Weise zu bestimmen, wie dies bei unserm Beispiel ausgeführt wurde.

Es soll noch ein Beispiel angeführt werden für die Umrechnung einer bekannten Dynamomaschine auf eine höhere Spannung, welche die Anwendung von zwei Drahtlagen auf dem Anker erforderlich macht.

Wir wählen dazu das Beispiel einer Trommelmaschine von 55000 Watt, d. h. die Maschine, für welche nach den früheren Formeln bei 110 Volt und 500 Ampère $a = 380$ bestimmt war, und setzen fest, dass die Spannung $E_p = 220$ Volt und $J = 250$ Ampère angenommen werden soll.

Gemäss der Anwendung von zwei Drahtlagen ergiebt sich

$$g_2{}^3 = g_1{}^3 \cdot \frac{U_2}{U_1} \cdot \frac{\alpha_1}{\alpha_2} \cdot \frac{E_{p_1}{}^2}{E_{p_2}{}^2}$$

$$= 422 \cdot 2 \cdot \frac{110^2}{220^2}$$

$$= 422 \cdot 2 \cdot \frac{1}{4} = 211$$

$$g_2 = 5,9$$

$$g_2' = 1,3 \cdot 5,9 = 7,7$$

$$N = \frac{2\,\pi \cdot 380}{2 \cdot 7,7} = 2 \cdot 77,4 \sim 156.$$

Eisenabstand:

$$\sim 2 \cdot 7,7 + 4 = 19,4 \; mm.$$

$$Z_a = \frac{30 \cdot 233 \cdot 10^8}{156 \cdot 790} = 5\,670\,000$$

$$A_l = \frac{2 \cdot 1,94 \cdot 0,8 \cdot 4}{5 \cdot 1444} \cdot 5\,670\,000 \qquad = \quad 9\,730$$

$$Z_{s_{qcm}} = \frac{1,1 \cdot 5\,670\,000}{1444} = 4320$$

$$A_s = 186 \cdot 7,5 \qquad\qquad\qquad = \quad 1\,400$$

Rückwirkung:

$$\frac{N}{8} \cdot J = \frac{156}{8} \cdot 250 \qquad\qquad = \quad 4\,870$$

$$\overline{\qquad\qquad\qquad A = 16\,000.}$$

Um zu zeigen, dass die Ampèrewindungen bei Wickelung der Maschine auf niedrigere Spannung wieder ungefähr denselben Betrag annehmen, soll das Modell noch für 67 Volt durchgerechnet werden.

$$g_2{}^3 = 7,5^3 \cdot \frac{110^2}{67^2} = 1140$$

$$g_2 = 10,44$$

$$g_2{}' = 1,3 \cdot 10,44 = 13,5$$

$$N = \pi \cdot \frac{380}{2 \cdot 13,5} = 44,2 \sim 44.$$

Eisenabstand:

$$g_2{}' + 4 = 17,5 \; mm$$

$$Z_a = \frac{30 \cdot 71 \cdot 10^8}{44 \cdot 790} = 6\,130\,000$$

$$A_l = \frac{0,8 \cdot 2 \cdot 1,75 \cdot 4}{5 \cdot 1444} \cdot 6\,130\,000 \quad = \quad 9500$$

$$Z_{s_{qcm}} = \frac{1,1 \cdot 6\,130\,000}{1444} = 4670$$

$$A_s = 186 \cdot 9 \qquad\qquad\qquad = \quad 1674$$

Rückwirkung:

$$5,5 \cdot 820 \qquad\qquad\qquad\qquad = \quad 4500$$

$$\overline{\qquad\qquad A = 15\,674.}$$

Hätte man die beiden vorberechneten Maschinen zum Laden von Akkumulatoren einrichten wollen, so wären die Ampèrewindungen für Luft und Eisen (ausschliesslich Rückwirkung) mit 1,25 zu multipliciren gewesen, woraus gefolgt hätte, dass in beiden Fällen gegen 19000 Ampèrewindungen erforderlich sind; dies ist aber wieder der alte Betrag.

Der Energieverlust durch Hysteresis im Anker.

Ausser den Verlusten in den Wickelungen einer Dynamomaschine, nämlich dem Spannungsverlust im Anker und dem Energieverlust für die Erregung der Schenkelmagnete sowie dem Reibungsverlust, treten auch noch Verluste im Ankereisen auf. Dieselben sind dadurch bedingt, dass einmal das Eisen,

wenn es auch in Form von Blechen oder Drähten verwendet
wird, immerhin noch genügend massiv ist, dass in demselben
elektrische Wirbelströme, Foucault-Ströme, entstehen können,
und dass zweitens das Eisen selbst zu seiner Ummagnetisirung
einer gewissen Arbeitsleistung bedarf. Nachdem diese mit dem
Namen Hysteresis belegte Erscheinung von Steinmetz in die
einfache analytische Form gebracht ist, $0,0033 \, B^{1,6}$, sind wir
im Stande, mit Hülfe der früher entwickelten Formel die Ab-
hängigkeit des durch die Hysteresis bedingten Verlustes von
den magnetischen und sonstigen Verhältnissen einer Dynamomaschine festzustellen. Die Gleichung für den Verlust durch
Hysteresis lautet in allgemeiner Form[1])

$$V = \text{const.} \, E \cdot \alpha \cdot \sqrt{\frac{p \cdot J}{\beta}} \cdot H^{0,6} \; \text{Watt,}$$

worin p die Polzahl der Dynamo und H ihre Feldstärke bedeutet.

Aus dieser Formel folgt:

Für eine gegebene Leistung der Dynamo (E und J) wächst
der Verlust mit der Wurzel aus der Polzahl p und nimmt mit
der Wurzel aus der Belastung des Ankerdrahtes β ab. Er
wächst ausserdem mit der Feldstärke oder der Magnetisirung
etwas stärker als proportional der Wurzel aus derselben. Die
Dynamos sind also in Bezug auf Hysteresis um so besser, je
weniger Pole, je höhere Ankerdrahtbeanspruchung und je geringere Magnetisirung sie aufweisen. Die Hysteresis ist vom
elektrischen Wirkungsgrade unabhängig. Von einer Reihe
gleichartiger Dynamomaschinen für eine bestimmte Klemmenspannung nimmt der Verlust in Procenten der Leistung mit
wachsender Leistung ab. Um daher auch kleinen Maschinen
einen möglichst hohen Wirkungsgrad zu verleihen, muss man
dieselben mit geringem Magnetismus betreiben, eine dünne
Bespinnung und hohe Belastung des Ankerdrahtes wählen.
Ausserdem muss man die Polzahl niedrig halten, z. B die
Maschinen für kleine Leistung zweipolig bauen. Aus demselben
Grunde vertragen Maschinen höherer Leistung eher eine grosse
Polzahl und grössere Feldstärke.

---

[1]) Vergl. Elektrotechn. Zeitschr. 1892. Heft 33.

An dieser Stelle ist zu erwähnen, dass langsam laufende
Maschinen aus mehreren Gründen einen geringeren Wirkungsgrad aufweisen müssen als schnell laufende. Vor Allem erkennen wir aus dem oben erwähnten Gesetz über Hysteresis,
dass Maschinen von kleineren Dimensionen (in Folge geringeren
Drahtdurchmessers) einen geringeren Verlust bei gleicher
Leistung aufweisen. Langsam laufende Maschinen müssen
aber grössere Dimensionen erhalten als schnell laufende, damit die Leistung gewahrt bleibt. Da nun die Beibehaltung
desselben Spannungsverlustes im Anker hierbei eine bedeutend
grössere Drahtstärke erfordert, so müssen die Dimensionen
ganz bedeutend zunehmen, oder man muss das Feld verstärken; selbst für das gleiche Feld ist für das grössere Modell
eine grössere Energiemenge erforderlich, umsomehr für ein
verstärktes. Alle diese Umstände wirken zusammen, dass
langsam laufende Maschinen einen höheren Hysteresisverlust
event. grösseren Spannungsverlust im Anker und jedenfalls
mehr Erregungsenergie aufweisen als schnell laufende. Durch
diese Betrachtung wird das Vorurtheil widerlegt, welches man
leider noch bisweilen findet, dass nämlich langsam laufende
Maschinen besser wären als schnell laufende. In Wirklichkeit
sind sie in jeder Beziehung schlechter.

Grundzüge der Neukonstruktion.

Im Vorstehenden haben wir die einzelnen Erscheinungen
kurz zusammengefasst, welche man an Dynamomaschinen
wahrnimmt; wir haben die Gesetze besprochen, welchen der
Magnetismus folgt und Hülfsmittel zu ihrer Berechnung mit-
getheilt; wir haben die Hauptrepräsentanten der Dynamokonstruktionen für Gleichstrom durchgesprochen; wir haben ferner
eine Methode angegeben, um für ein vorhandenes Modell eine
neue Wickelung zu berechnen; wir haben endlich auch die
allgemeine Gesetzmässigkeit erörtert, welcher der Verlust durch
Hysteresis im Anker unterliegt.

Unter Beachtung und Zusammenfassung der aus diesen
Betrachtungen sich ergebenden Folgerungen wird man in die
Lage versetzt sein, für Neukonstruktion von Dynamomaschinen
einen gewissen kritischen Blick anwenden zu können. Wir

wollen jedoch hieran anknüpfend im Folgenden noch in Kürze einheitlich dasjenige durchsprechen, was man beim Entwerfen neuer Dynamokonstruktionen zu beachten hat.

Eine bedeutende Rolle spielt im Dynamobau der Verwendungszweck der Maschine. Je nachdem dieselbe für Glühlichtbeleuchtung ohne oder mit Verwendung von Akkumulatoren, für Bogenlicht, Kraftübertragung unter Verwendung einzelner oder vieler, gleichmässig oder variabel belasteter Motoren bestimmt ist, hat sie andere Bedingungen zu erfüllen. Die Rücksicht auf fabrikationsmässige Herstellung wird mehr oder weniger dazu veranlassen, diese Rücksichtnahme zu beschränken, doch bleibt die Thatsache bestehen, dass es keine für alle Zwecke gleich gut geeignete Maschine, d. h. dass es keine Universalmaschine giebt.

Allgemein betrachtet sind es zwei Hauptgesichtspunkte, die einander widerstreiten und deren Abwägung gegeneinander daher als Aufgabe des Konstrukteurs zu betrachten ist. Es sind dies ein hoher Wirkungsgrad einerseits und ein funkenloser Gang andererseits.

Während die Rücksicht auf den Wirkungsgrad gewöhnlich ein schwaches Feld wünschenswerth macht, bedingt das technisch günstige Verhalten der Maschine im Betriebe die Nothwendigkeit eines starken Feldes. Man erkennt schon hieraus, dass die Betonung der einen oder anderen Eigenschaft einen Einfluss auf die magnetischen Verhältnisse hat. Der erste Umstand ist hauptsächlich dadurch begründet, dass bei gleichem Widerstande der Ankerwickelung eine Vermehrung der Windungen derselben eine geringere Anzahl Ampèrewindungen auf den Schenkeln infolge geringeren Sättigungsgrades derselben nothwendig macht, und dass zugleich, wie sich aus der früher entwickelten Formel ergiebt, durch die Verminderung der Feldstärke sich auch der Verlust durch Hysteresis im Anker verringert. Es hat dies aber zur Folge, dass einmal die Rückwirkung des Ankers verhältnissmässig gross ausfällt, und dass ferner das magnetische Feld keine so scharf ausgeprägte Form besitzt, d. h. gegen die Ankerrückwirkung nachgiebiger ist als bei stärkerer Magnetisirung.

Es wird häufig angegeben, dass zur Verhinderung einer Funkenbildung am Kollektor vor allem ein steiler Abfall der

Induktionskurve (des Feldes) im Anker vermieden werden muss. Demgegenüber muss jedoch erklärt werden, dass ein ganz allmähliches Ansteigen der Feldstärke vom Nullpunkte aus mindestens ebenso schädlich ist. Wäre diese Eigenschaft wünschenswerth, so hätten die ältesten Flachringmaschinen vorzüglich funkenlos arbeiten müssen, während man von ihnen das Gegentheil weiss. Die richtige Form der Induktionskurve ist die, dass das Feld mässig schnell, aber gleichmässig an seinem Anfangspunkte (d. h. der neutralen Zone) ansteigt. Man erreicht dies ziemlich gut dadurch, dass man den Polanfängen der Magnetschenkel auf wenige Centimeter Peripherielänge anstatt der durch die Ausbohrung entstehenden konkaven eine konvexe Krümmung giebt, sowie indem man die Begrenzungslinie der Polfläche (am Anfang der Pole) nicht als gerade, sondern als geschweifte Linie ausbildet (d. h. ovale Polflächen und dergl.).

Als wesentlicher Punkt für die Vermeidung der Funkenbildung ist ausserdem zu beachten, dass das Ankereisen im Stande sein muss, den Magnetismus mit Leichtigkeit aufzunehmen, damit nicht in der neutralen Zone ein Theil der von den Polen aus in den Anker eintretenden Kraftlinien wieder aus dem Anker austritt und so das magnetische Feld stört. Dieser Gesichtspunkt befürwortet, wie man sieht, im gleichen Sinne wie die Hysteresis - Erscheinungen einen geringen Sättigungsgrad des Ankereisens.

Einen wichtigen Unterschied macht es, ob die Maschine für in der Hauptsache konstante oder variable Spannung dienen soll. Wünscht man eine konstante Spannung, so ist hiermit gewöhnlich der weitere Wunsch verknüpft, möglichst wenig reguliren zu müssen. Dies lässt sich jedoch nur dann erreichen, wenn die auf den Schenkeln angewendeten Ampèrewindungen zum Theil nicht wesentlich zur Verstärkung des magnetischen Feldes beitragen, indem also entweder das Ankeroder (besser) das Schenkeleisen stark gesättigt ist. Soll dagegen die Maschine eine variable Spannung liefern, wie es besonders für das Laden von Akkumulatoren verlangt wird, so muss jede Variation der Ampèrewindungen das magnetische Feld beeinflussen, mithin sowohl Anker- wie Schenkeleisen schwach gesättigt sein.

Bogenlichtmaschinen wiederum, welche mit einer Haupt-
schluss-Wickelung versehen werden, bedingen, dass die Spannung bei über das Normale zunehmender Stromstärke abfällt,
und zwar infolge hoher Sättigungsgrade und starker Rückwirkung des Ankers.

Soll eine Dynamomaschine zum Betriebe einer einfachen
Kraftübertragung auf einen Motor dienen, so muss dieselbe als
Nebenschlussmaschine mit einem Nebenschlussmotor möglichst
konstante Spannung liefern und als Hauptstrommaschine mit
Hauptstrommotor ein möglichst folgsames Feld und demgemäss
variable Spannung besitzen.

Eine Hauptfrage wird vor Beginn der Konstruktion immer
die Wahl des Maschinentypus sein. Wir haben in den früheren
Besprechungen aus der Unzahl von Formen die wenigen Typen
herausgesucht, auf welche sich gute Dynamomaschinen-Kon-
struktionen stets zurückführen lassen, und haben von denjenigen Formen ganz abgesehen, deren Verwendung nach dem
heutigen Stande der Technik nicht empfehlenswerth erscheint.

Als allgemeiner Gesichtspunkt soll noch angegeben werden,
dass Maschinen mit Nuthen- oder Lochanker ein stärkeres Feld
wünschenswerth erscheinen lassen als solche mit freiliegenden
Ankerwindungen, und dass die Anwendung von Polschuhen
sich hauptsächlich im letzten Fall empfiehlt, während im erstge-
nannten kurze Polschuhansätze nur zur Erzeugung eines zweck-
mässigen Anstieges der Induktionskurve wünschenswerth sind.

Bei Entwurf des Ankers ist noch Folgendes zu beachten.
Die Blechscheiben, aus welchen derselbe besteht, sollen nicht
mehr als 0,5 mm Dicke haben und aus vorzüglichstem Holzkohlen-
eisen hergestellt sein, aus Rücksicht auf Foucault-Ströme und
Hysteresis. Ebenfalls wegen der Foucault-Ströme vermeide man
sehr starke Ankerdrähte, besonders wenn dieselben frei liegen
und ersetze dieselben lieber durch mehrere dünne Drähte. Zur
Isolation der Blechscheiben von einander ist die Zwischenlage
von Papier nicht nothwendig, vielmehr genügt es, wie verschiedene Konstrukteure festgestellt haben, dieselben mit einem
isolirenden Anstrich zu versehen.

Die Ausführung eines Lochankers geschieht am besten in
der Weise, dass man für starke Ankerleiter in die Ankerbleche
runde Löcher stanzt, durch welche man unter Anwendung ent-

sprechender Isolation die Leiter in Form von Kupferstäben hindurchschiebt; die Verbindungen erfolgen durch Kupferstreifen, welche in an den Stäben angebrachte Einschnitte eingelöthet sind. Handelt es sich dagegen um viele Windungen von dünnem Draht, so ist es zweckmässig, in den Anker an den Stellen, wo die Löcher liegen, Schlitze einzusägen, durch welche man den Draht in die Hohlräume einführt. Bezüglich der Lage der Schenkelspulen gilt allgemein, dass dieselben möglichst nahe dem Anker, d. h. den Polflächen liegen sollen. Man erreicht hierdurch, wie in meinem Buch „Untersuchungen . . . ." auseinandergesetzt, die beste Ausnutzung der Ampèrewindungen.

Aus Rücksicht auf durch Tourenschwankungen etc. bedingte Spannungsschwankungen die Schenkelwindungen von den Polenden abzurücken und in die Mitte der Schenkel zu verlegen, ist nicht rathsam, da die etwa nothwendige Konstanz besser auf anderem Wege, nämlich durch entsprechende Wahl der Sättigungsgrade etc. erreicht wird.

Motoren.

Die Construction von Gleichstrom-Elektromotoren entspricht genau derjenigen gleichwerthiger Dynamos. Sie unterscheidet sich lediglich dadurch von derselben, dass bei diesen, wenn nur die Leistung in P.S. gegeben ist, der eigentlichen Bestimmung der Verhältnisse noch die Ermittelung der elektrischen Leistungen vorangehen muss. Es genügt natürlich nicht die effektiven Pferdestärken in Watt umzurechnen, vielmehr sind, die Verluste und zwar in der Ankerbewickelung, in den Schenkeln, sowie im Ankereisen und die Reibungsverluste hinzuzurechnen, um die elektrische Leistung in Watt zu erhalten, für welche der Motor zu konstruiren ist. Hierzu bedarf man also der Kenntniss des Gesammtwirkungsgrades, und da naturgemäss die Konstruktion kleiner Motoren eine wesentliche Rolle spielt, so muss man, speciell in diesem Fall, beachten, dass man nicht einen zu hohen Gesammtwirkungsgrad in die Rechnung einführt, da andernfalls die Leistung in effektiven P.S. hinter der gerechneten zurückbleibt.

Man verfährt etwa so:

Der ökonomische Wirkungsgrad sei aus Dynamos ähnlicher Grösse bekannt oder angenommen $= \eta$. Die verlangte Leistung sei L PS. Dann verbraucht der Motor insgesammt $\dfrac{L}{\eta} \cdot 736$ Watt.

Zu bemerken ist hierbei, dass η von ca. 0,9 bis 0,5 und weiter herab geht mit abnehmender Leistung.

Zieht man nun von der Wattleistung die Schenkelerregung ab (3 bis 10 und mehr Proc.), so erhält man die Ankerleistung. Diese dividirt durch die am Anker herrschende Spannung (bei Nebenschlussmotoren die gesammte, bei Hauptschlussmotoren diese minus Schenkelverlust) liefert die Ankerstromstärke.

Für diesen Strom ist der Ankerdraht zu dimensioniren. Die weitere Bestimmung des Ankers erfolgt wie bei Dynamomaschinen, doch ist w_a (und somit der Spannungsverlust im Anker), besonders bei Kleinmotoren, genügend gross zu wählen.

Bei der Ermittelung der Tourenzahl ist zu beachten, dass die wirksame elektromotorische Kraft E kleiner ist als die Klemmenspannung E_p und zwar bei Nebenschlussmotoren um den Spannungsverlust im Anker, und bei Hauptstrommotoren ausserdem noch um den Spannungsverlust in der Schenkelwickelung.

Bei der Berechnung der Ampèrewindungen für die Schenkel ist zu beachten, dass die Rückwirkung des Ankers genau so wie bei der Dynamomaschine zu rechnen ist, d. h. sie schwächt das Feld, und nicht etwa entgegengesetzt, vorausgesetzt, dass die Bürsten rückwärts, d. h. gegen die Drehrichtung des Ankers verschoben, eingestellt werden, da, was zu empfehlen ist, bei dieser Stellung die Tourenzahl der Nebenschlussmotoren sich mit der Belastung nur wenig ändert. Der Faktor, welcher denjenigen Antheil der Gesammtampèrewindungen ausdrückt, den die Rückwirkung ausmacht, ist event. etwas kleiner als bei Dynamomaschinen gleicher Konstruktion anzunehmen, nämlich statt 0,6 etwa 0,5 oder 0,4.

Werden Nebenschlussmotoren, wie vorstehend, berechnet, so wächst deren Tourenzahl etwas gegen die gerechnete, wenn sie entlastet werden.

Statt dessen kann man auch die Ampèrewindungen für die Leerlaufstourenzahl und die Leerlaufsverhältnisse (d. h. geringen

Ankerstrom) berechnen; es nimmt dann die Tourenzahl etwas gegen die gerechnete ab, wenn der Motor belastet wird.

Wählt man die Tourenzahl für Leerlauf um wenige (z. B. 5) Procent höher als bei Belastung, so müssen beide Rechnungs-arten dieselben Ampèrewindungen liefern.

Man beachte, dass kleine Motoren eine geringere Feldstärke erhalten müssen als grössere Dynamos gleichen Modells.

Will man ein fertiges Dynamomodell als Motor benutzen, so lässt sich die erforderliche Drahtstärke für die Schenkel-wickelung, nachdem man die nöthigen Ampèrewindungen fest-gestellt hat, nach der früher angeführten Formel berechnen:

$$g_n{}^2 = \frac{A \cdot l_n \cdot 4}{\pi \cdot 55 \cdot E_p}$$

für Nebenschlussmotoren. Für Hauptstrommotoren gilt

$$g_h{}^2 = \frac{h \cdot b \cdot J}{A_1 \cdot a^2} \quad (A_1 = \text{Ampèrewindungen pro Spule}).$$

Wechselstrom-Maschinen.

In Bezug auf die Konstruktion hat man bei Wechselstrom zwei Arten von Maschinen principiell zu unterscheiden, nämlich solche für hohe Spannung und solche für niedrige Spannung. Da man bei Wechselstrom-Anlagen meistens beabsichtigt, vom Werk aus hochgespannten Wechselstrom fortzuleiten, so ist die zweitgenannte Art von Maschinen meistens in Verbindung mit Transformatoren zu verwenden.

Bei Wechselstrom-Maschinen für direkte Erzeugung hoher Spannung ist es vortheilhaft, wenn nicht sogar Erforderniss, weniger auf die magnetischen als auf sonstige konstruktive Verhältnisse, speciell auf vorzügliche Isolation Rücksicht zu nehmen. Allerdings steht unter diesen Umständen mit der er-wähnten Rücksichtnahme unmittelbar der Umstand in Verbin-dung, dass diese Maschinen magnetisch ungünstig disponirt sein müssen und infolgedessen für die Erregung eine be-trächtliche Stromenergie erfordern. Man sieht bei derartigen Maschinen häufig die Eisentheile der einzelnen Pole, welche aus

magnetischen Gründen eigentlich gegenseitig zusammenhängen
müssten, aus Rücksicht auf Isolation durch isolirende, nicht
magnetische Theile, z. B. Luft, getrennt. Sowohl Schenkelmagnete als auch Anker erhalten in diesem Falle ausgeprägte
Pole in Form von Vorsprüngen, welche mit Drahtwickelungen
umgeben sind. Es ist nothwendig, bei dieser Anordnung sowohl
Anker als Schenkelmagnete aus geblättertem Eisen herzustellen,
da das magnetische Feld in keinem der beiden Theile auch nur
annähernd konstant ist und weil man aus diesem Grunde auf
Vermeidung von Foucault-Strömen Bedacht nehmen muss.

Wesentlich verschieden sind die Bedingungen für die Konstruktion von Wechselstrom-Maschinen für niedrige Spannung;
nicht sowohl die Rücksichtnahme auf vorzügliche Isolation als
vielmehr das Bestreben, Maschinen zu konstruiren, welche in
magnetischer und elektrischer Beziehung vorzüglich sind, muss
hier maassgebend sein. Es steht nichts im Wege, derartige
Maschinen genau so wie Gleichstrom-Dynamos zu konstruiren,
es ist nur nothwendig, die besonderen Bedingungen, welche
der Wechselstrom abweichend vom Gleichstrom auferlegt, im
Auge zu behalten.

Die Polzahl fällt naturgemäss grösser aus als bei Gleichstrommaschinen gleicher Leistung und zwar aus dem Grunde,
weil eine Wechselzahl von durchschnittlich 100 Polwechseln
pro Sek. angestrebt werden muss. Ferner aber ist es erforderlich, weder das Schenkel- noch ganz besonders das Ankereisen
magnetisch stark zu beanspruchen. Ein zweckmässiger Sättigungsgrad im Ankereisen wird bei einem Magnetismus pro
$qcm = 5000$ erreicht.

Ferner ist es erwünscht, dass die Zahl der Ankerleiter
möglichst gering ausfällt, damit eine geringe Rückwirkung des
Ankers auf das magnetische Feld gesichert ist, wodurch zu
gleicher Zeit auch der Spannungsverlust im Anker herabge-
drückt wird. Eine hohe Tourenzahl ist bei Wechselstrom-
Maschinen nicht in dem Maasse erwünscht wie bei Gleichstrom-
Dynamos, vielmehr erhält man eine zweckmässige Form der
Pole nur, wenn die Tourenzahl nicht zu gross ist. Die
Peripheriegeschwindigkeit des Ankers sei ungefähr dieselbe
wie bei Gleichstrommaschinen. Niederspannungs-Wechselstrom-
Maschinen, welche nach den vorstehend skizzirten Grundsätzen

gebaut sind, zeichnen sich durch geringe Hysteresis-Erschei-
nungen, geringen Bedarf an Erregerstrom, kurz durch guten
Wirkungsgrad und unbedeutende Wärmeentwickelung aus.

Analytische Formeln zur Konstruktion von Wechselstrom-
Maschinen sollen hier nicht gegeben werden, es soll nur Er-
wähnung finden, dass Wechselstrom-Maschinen grösser im
Durchmesser, aber schmäler zu konstruiren sind, als Gleichstrom-Dynamos gleicher Leistung.

In Bezug auf die numerischen Faktoren empfiehlt es sich,
der Sicherheit wegen für die Verhältnisszahl der Induktion im
Vergleich zu Gleichstrom nicht mehr als 0,6 einzusetzen, die
Rückwirkung des Ankers setze man pro magnetischen Kreis
ebenfalls der Sicherheit wegen gleich dem 0,6 fachen der für
den Kreis in Frage kommenden Ampèrewindungszahl des
Ankers.

Transformatoren.

Die Konstruktion von Transformatoren für Wechselstrom
ist unter Berücksichtigung der im Abschnitt „Die Gesetze des
Magnetismus" gegebenen Vorschriften verhältnissmässig einfach.

Der Transformator besteht zweckmässig aus einem von
den Windungen umgebenen Eisenkern, welcher nach aussen
hin über die Drahtspule hinaus derartig verlängert bezw. ver-
bunden ist, dass ein geschlossener magnetischer Kreislauf ge-
bildet wird. Als variable Faktoren für die Bestimmung sind
zu beachten die Beanspruchung des Drahtes, der Sättigungsgrad des Eisens und die specielle Formgebung.

Nehmen wir beispielsweise an, dass der Eisenkern qua-
dratischen Querschnitt besitzt, und bezeichnen wir mit a die
Quadratseite, mit b die Länge des Eisenkerns und mit h die
Wickelungshöhe, so haben wir folgende Beziehungen zu berücksichtigen:

Nach der im Früheren angeführten Formel ist die elektromotorische Kraft

$$E = Z \cdot N \cdot p \cdot C,$$

worin C eine Konstante ist, deren Werth sich aus der früheren
Formel ergiebt. Es ist aber

$$Z = a^2 \cdot 0{,}9 \cdot Z_{qcm}.$$

Gegeben sei E, J, β, d. h. Spannung, Stromstärke und Belastung des Kupfers.

Es ist

$$\pi \cdot \frac{g^2}{4} \cdot \beta = J.$$

Ferner ist

$$g' = \alpha \cdot g.$$

Hierin bedeutet g den Drahtdurchmesser ohne, g' mit Bespinnung. Gegeben sei a und die Bedingung, dass die Hälfte der Kernlänge b für die primäre und die Hälfte für die sekundäre Wickelung in Anspruch genommen werde. Dann ist

$$N = \frac{b}{2} \cdot h \cdot \frac{1}{g'^2} = \frac{b \cdot h}{2\,\alpha^2 \cdot g^2}$$

und

$$E = 0{,}9 \cdot a^2 \cdot Z_{qcm} \cdot \frac{b \cdot h}{2\,\alpha^2 \cdot g^2} \cdot p \cdot C.$$

Es sei ferner

$$h = \gamma \cdot a \quad (\text{zweckmässig } \gamma = 0{,}4).$$

Daher ergiebt sich

$$E = \frac{0{,}9 \cdot a^2 \cdot Z_{qcm} \cdot b \cdot \gamma \cdot a \cdot p \cdot C \cdot \pi \cdot \beta}{2\,\alpha^2 \cdot J \cdot 4}$$

und somit

$$b = \frac{8\,\alpha^2 \cdot E \cdot J}{0{,}9 \cdot Z_{qcm} \cdot \gamma \cdot \beta \cdot \pi \cdot p \cdot C \cdot a^3}.$$

Mit Hülfe dieser Formel kann man bei angenommener Kernstärke die Länge des Transformatorkernes ermitteln. Die Formel lässt sich auch leicht für den Fall abändern, dass man bei gegebener Kernlänge die Dicke desselben ermittelt. Die Belastung β für den Draht wähle man aus Rücksicht auf geringen Spannungsabfall und guten Wirkungsgrad gering, d. h. = ca. 1 oder kleiner.

Nach dem gleichen Princip kann man bei nicht quadratischem Eisenkernquerschnitt die Dimensionen ermitteln.

Der Spannungsabfall, welcher bei Transformatoren an den
sekundären Klemmen stattfindet, wenn dieselben belastet werden, rührt keineswegs nur von dem Spannungsverlust in der
Kupferdrahtwickelung her, sondern zum grossen Theil von dem
Umstande, dass die durch die Primärwickelung erzeugten Kraftlinien in gewissem, beschränktem Maasse durch die Gegen-
wirkung der Sekundärwickelung aus den Sekundärspulen so-
zusagen herausgedrängt werden. Es findet also auch hier eine
Kraftlinienstreuung statt, derartig, dass innerhalb der sekundären Windungen ein geringerer Magnetismus herrscht als
innerhalb der primären.

Man suche aus diesem Grunde die Anordnung so zu treffen,
dass entweder zu beiden Seiten der sekundären je eine primäre
Spule sich befindet oder umgekehrt. Es empfiehlt sich auch
die Anordnung, dass immer je eine sekundäre und primäre
Spule abwechselt, dass also eine Reihe von Theilspulen ge-
bildet wird. Diese Ausführungsmethode bietet auch Vortheile
in Bezug auf die Erzeugung hoher Spannung, da hierbei eine
grössere Sicherheit der Isolation zu erreichen ist.

Prüfung des Eisens.

Es ist bei der Fabrikation naturgemäss von Interesse, die
magnetischen Eigenschaften des speciell zur Herstellung von
Maschinen verwendeten Eisens kennen zu lernen. Ebenso
selbstverständlich ist es aber auch, dass eine Fabrik sich
nicht auf derartige eingehende und genaue Prüfungen bezw.
Messungen einlassen kann, wie man sie etwa behufs genauer
Untersuchungen in einem Laboratorium anstellt.

Es fragt sich nun erstens, ob eine Prüfung im eigentlichen
Sinne des Wortes, d. h. die Anstellung von Messungen an Probe-
stücken des Eisens durchaus nothwendig ist, und zweitens in
welcher Weise etwa gewünschte Prüfungen zweckmässig vorzunehmen sind, damit sie auch den Werth besitzen, welchen
man beabsichtigt.

In Bezug auf diese Fragen ist zu erwähnen, dass man bei
Herstellung einer Reihe von Dynamos aus denselben Eisen-
sorten sehr bald erkennt, ob das Eisen angenähert dieselben
Eigenschaften besitzt, wie die der Rechnung zu Grunde gelegte

Eisensorte. Man darf daher wohl behaupten, dass eine genaue
Prüfung, so lange man mit genau demselben Material arbeitet,
nicht unbedingt nothwendig ist.

Wünscht man jedoch neue Eisensorten (Stahl, Flusseisen,
Krupp's Dynamostahl etc.) in Betracht zu ziehen und speciell
Fabrikate verschiedener Lieferanten zu vergleichen, so tritt
das Bedürfniss nach einer eigentlichen Prüfung mehr in den
Vordergrund.

Obgleich nun zur Prüfung von Eisensorten die verschieden-
artigsten Apparate konstruirt sind, von den einfachsten bis zu
den komplicirtesten, und obgleich man nach dem oben Ausgeführten leicht geneigt sein wird, einen sehr einfachen Apparat,
selbst wenn er eine für die Technik anscheinend gar nicht
nothwendige Genauigkeit nicht besitzt, den Vorzug zu geben,
so muss doch behauptet werden, dass eine Prüfung nur dann
den gewünschten Erfolg haben kann,
wenn dieselbe bei wenigen Beobachtungen eine relativ grosse Genauigkeit liefert, weil man sonst ausser
Stande wäre, aus den angestellten
beschränkten Versuchen zweckent-
sprechende Schlüsse zu ziehen.

In meinem Buche „Untersuchungen ..." habe ich auseinandergesetzt,
aus welchem Grunde ich die dort be-
schriebene Untersuchungsmethode gewählt habe, und ich habe wiederholt
darauf hingewiesen, dass keine andere
Prüfungsart von gleichem Erfolge be-
gleitet sein kann.

Auch für den hier erörterten
Zweck dürfte jene Methode am Platze
sein, nur mit dem Unterschied, dass
man sich hierbei mit sehr wenigen,
event. nur mit einem einzigen, jedoch

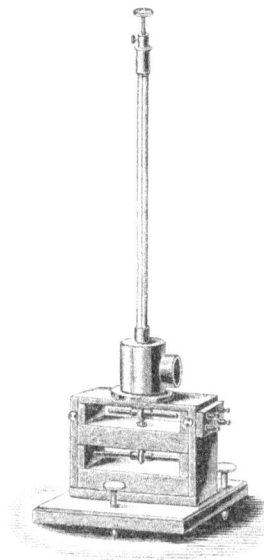

Fig. 19.

bei einem in den Maschinen gebräuchlichen Sättigungsgrade[1])
angestellten Versuch wird begnügen können.

----

[1]) Stromstärke im Siderognost = 0,1 Amp.

An Hülfsapparaten wird man sich mehr oder weniger derjenigen bedienen, welche ohnehin für andere Zwecke vorhanden sind. Ein Galvanometer dürfte stets zur Hand sein. Dasselbe wird stets mehr oder weniger sich als brauchbar erweisen, event. vergrössert man seine Schwingungsdauer durch
Belastung des Magnetes. Zwei Clark'sche Normal-Elemente,
eins davon zur Benutzung und eins zum Vergleich als Reserve
nebst Widerständen, sowie ein kleiner Siderognost vervoll-
ständigen die Einrichtung. Wenn möglich, wird man danach
trachten, ein Galvanometer von ähnlichem Bau, wie das in
Fig. 19 abgebildete zu erhalten. Ebenso dürfte eine Abweichung

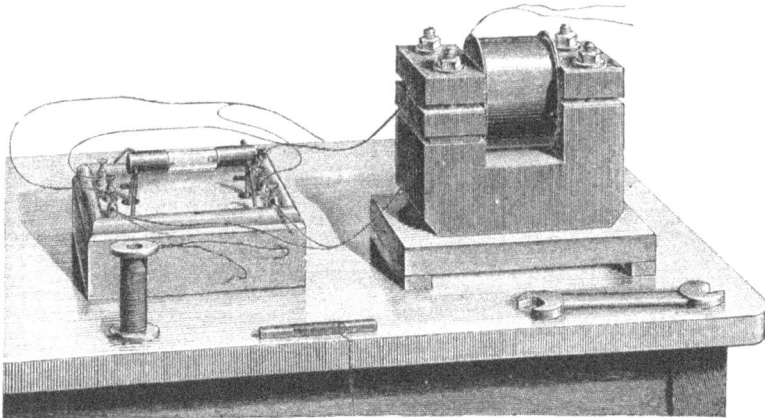

Fig. 20.

in der Einrichtung des Siderognostes sich nicht als wünschenswerth erweisen, da eine genaue Messung sich gerade mit einem
derartig ausgebildeten Apparat (vergl. Fig. 20) erreichen lässt
und da seine Herstellung verhältnissmässig einfach und in jeder
Maschinenfabrik ohne Weiteres möglich ist.

Ein besonderer Vortheil bei Anwendung der gleichen
Dimensionen[1]), wie in meinem Buche „Untersuchungen . . .“

---

[1]) Maasse: Breite der Spule 6 cm, Dicke 8 cm, innere Oeffnung 1,2 cm,
Breite des U-Eisens 10 cm, Dicke der senkrechten Theile 4,5 cm, der
unteren Verbindung 5 cm. Die Deckelstücke sind 2 cm × 10 cm × 4,5 cm
und in der Mitte der Auflagefläche ebenso wie die gegenüberliegende Auflagefläche des U-Eisens derartig schräge ausgehobelt, dass nur ein 5 mm
breiter Streifen zur Auflage des Versuchseisens dient. Die Drahtdicke
beträgt 0,5 mm, die Windungszahl 1174.

angegeben, besteht darin, dass man die magnetischen Verhältnisse des äusseren Eisenschlusses in diesem Fall ohne Weiteres
nach meinen dort angegebenen Versuchen entnehmen kann.

Berechnung elektrischer Leitungen.

Die Dimensionirung der Leitungsquerschnitte für Gleich-
stromanlagen und, mit im allgemeinen geringen Vernachlässigungen, auch für Wechselstrom erfolgt nach dem Ohm-
schen Gesetz $J = \dfrac{E}{w}$ in der besonderen Form

$$q = \frac{i_1 \cdot L \cdot a \cdot 2}{E_v \cdot \varkappa},$$

worin q den Querschnitt der Leitung, L die Lampenzahl, i_1 den
für eine Lampe erforderlichen Strom, a die Entfernung, E_v den
zugelassenen Voltverlust, $\varkappa$ die Leitungsfähigkeit des Materials
bedeutet.

In der Praxis liegt der Fall nicht so einfach, wie es jener
Formel entspricht, welche e in e Lampengruppe und eine unge-
theilte Leitungsstrecke ohne Zweigleitungen voraussetzt.

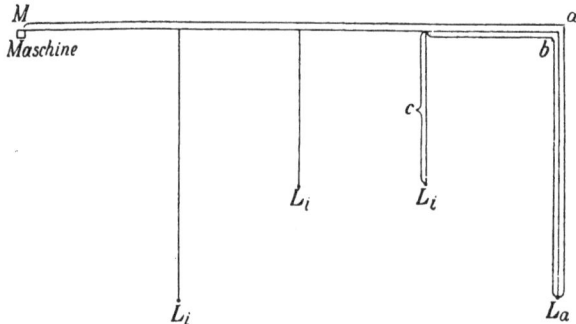

Fig. 21.

Vielmehr wird der allgemeine Fall sich in der durch Fig. 21
wiedergegebenen Weise darstellen. In M sei die Maschine aufgestellt; von derselben führt die Hauptleitung in verschiedenen
Querschnittsabstufungen bis zur letzten Lampe bezw. Lampengruppe L_a; seitlich zweigen sich kürzere Leitungen nach den
einzelnen Lampengruppen L_i ab.

Berechnet man diesen Fall, z. B. eine Hausinstallation, nach dem Ohm'schen Gesetz, so wird man einen maximalen Verlust von z. B. 2 Volt für die Lampe L_a festsetzen, diesen Verlust auf die einzelnen, zwischen zwei Zweigleitungen liegenden Strecken der Hauptleitung vertheilen, und dann diese Strecken durch Einsetzung der Länge derselben, des Spannungsverlustes in ihnen und der von jedem Leitungsstück gespeisten Lampenzahl in die Gleichung berechnen.

In diesem Fall ist die Vertheilung der Spannungsverluste willkürlich. Es lässt sich jedoch nachweisen, dass bei gleichmässiger Vertheilung der Lampen der Aufwand für Leitungsmaterial günstig wird, wenn wir die Hauptleitung so bemessen, dass die Längeneinheit derselben an allen Stellen den gleichen Verlust aufweist.

Einen derartigen Querschnitt der Hauptleitung erhalten wir, wenn wir, ohne den Totalspannungsverlust in willkürliche Theile zu theilen, für jedes zu berechnende Stück der Hauptleitung den Totalspannungsverlust, die grösste Entfernung a der Lampe L_a und die von dem Leitungsstück gespeiste Lampenzahl einsetzen.

Diese Methode bietet ausser dem Umstande, dass sie einen günstigen Querschnitt unter jenen Bedingungen liefert, noch den Vortheil, dass alles auf die eine Länge a, d. h. die grösste Entfernung von Lampe und Maschine bezogen wird.

Die gebräuchlichen Glühlampen von 16 Normalkerzen brauchen bei einer Spannung von 110 Volt eine Stromstärke von 0,53 Ampère oder etwas weniger. Die Leitungsfähigkeit des guten Kupfers (Länge in Meter eines Drahtes von 1 qmm Querschnitt und 1 Ohm Widerstand) kann gegen 60 angenommen werden bei mittlerer Temperatur. Unter Zugrundelegung dieser Zahlen sind wir im Stande, eine Tabelle aufzustellen, welche für jede Entfernung a und die gespeiste Lampenzahl L den zugehörigen Querschnitt der Hauptleitung liefert.

Ueber die Berechnung der von der Hauptleitung zu den einzelnen Lampengruppen L_i geführten Zweigleitungen ist Folgendes zu sagen. Derselbe Umstand, welcher verbietet, bei sehr geringen Entfernungen a die Hauptleitung so schwach zu dimensioniren, als sich aus der Gleichung ergibt, nämlich. dass wir eine Belastungsgrenze für die Querschnittseinheit durch die Ampèrezahl festsetzen, lässt es auch nicht durchführbar erscheinen, dass die in der Nähe der Maschine abgezweigten Lampen mit demselben Spannungsverlust betrieben werden, wie die letzte Lampe L_a.

Vielmehr werden diese Lampen eine Zuführung erhalten müssen, bei welcher die zugelassene Ampèrezahl pro Quadratmillimeter nicht überschritten wird, d. h. eine stärkere Leitung, als aus der Formel folgt, und dementsprechend geringeren Spannungsverlust. Die höchste, noch gestattete Ampèrezahl auf das Quadratmillimeter pflegt man ohne Rücksicht auf die absolute Drahtdicke (was eigentlich ungerechtfertigt ist) auf 2 Ampère zu bemessen.

Auch für die Zweigleitungen erscheint es wünschenswerth, nur die Entfernung a in die Rechnung zu setzen. Eine einfache Ueberlegung lehrt uns, dass über die Stärke derselben das Verhältniss der Länge c der Zweigleitung zu der Reststrecke b von dem betreffenden Abzweigungspunkt bis zur letzten Lampe L_a maassgebend ist.

Diese Bedingungen sind der beigegebenen Tabelle zu Grunde gelegt. Das Verhältniss der Länge der Zweigleitungen c zu den Strecken b braucht nur annähernd festgestellt zu werden; die Tabelle enthält die Werthe $\frac{1}{1}, \frac{2}{3}, \frac{1}{2}, \frac{1}{3}, \frac{1}{4}, \frac{1}{8}$.

Die Benutzung der Tabelle geschieht in folgender Weise:

Gegeben ist uns ein maassstäblicher Leitungsplan mit eingezeichneter Dynamomaschine. Wir messen die Entfernung der Maschine von der äussersten Lampe L_a in Meter und lesen nun in derjenigen Horizontalreihe der Tabelle, welcher $\left(\text{überschrieben } \frac{1}{1}\right)$ die betreffende Zahl der Meter vorgedruckt ist. Die Dicke und der Querschnitt des Drahtes für den einzelnen Abschnitt der Hauptleitung steht dann in derjenigen Vertikalspalte, welche mit der von dem gesuchten Leitungsstück gespeisten Lampenzahl überschrieben ist.

Jede Zweigleitung macht die Feststellung ihres Verhältnisses $c : b$, z. B. mit Hülfe des Zirkels, nothwendig. In der Spalte des gefundenen (angenäherten) Verhältnisses stehen Meterzahlen, unter welchen wieder die Zahl der Strecke a aufzusuchen ist; die durch dieselbe markirte Horizontalreihe ergiebt in der mit der Lampenzahl der Zweigleitung überschriebenen Vertikalspalte den Querschnitt dieser Zweigleitung.

Es ist zu beachten, dass als für das Verhältniss $\frac{c}{b}$ maassgebende Länge c für den Fall von wieder verzweigten Zweigleitungen stets die grösste vorkommende Entfernung einer Zweiglampe der (betreffenden) Zweigleitung von der Hauptleitung zu betrachten ist.

Der besseren Uebersicht wegen sind die Meter- und Lampenzahlen für die Hauptleitung $\left(\text{Verhältniss } \frac{1}{1}\right)$ links und rechts, oben und unten vor die Tabelle gesetzt. Die Tabellenzahlen geben für 2 Volt Verlust in der oberen Grösse den Querschnitt in Quadratmillimeter, in der unteren die nach oben abgerundete Millimeterzahl für den Durchmesser des Drahtes an (abgestuft um 0,5 mm).

Bei öfterer Benutzung dürfte sich ein Aufkleben und Lackiren der Tabelle, und für das Nachsehen die Zuhülfenahme eines darauf gelegten Lineals empfehlen.

Wünscht man die Leitung statt mit 2 mit 3 Volt Verlust zu berechnen, so hat man nur nöthig, entweder die Lampen- oder die Meterzahl mit $\frac{2}{3}$ zu multipliciren, und kann dementsprechend auch die Meterzahl für die Strecke a unter der Ueberschrift $\frac{2}{3}$ ablesen.

Die Meter- und die Lampenzahlen dürfen mit einander vertauscht werden.

In der obersten Horizontalreihe steht der zulässige geringste Querschnitt (2 Amp. pro Quadratmillimeter).

Als Beispiel für die Anwendung diene folgender Fall: $a = 300\ m$, in 100 m Entfernung von der Maschine ein Abzweig von 50 m Länge, welcher wiederum in einer Entfernung von 10 m eine 5 m lange Zweigleitung nach 20 Lampen erhält. Die Lampenzahl L_a sei 40, diejenige am Ende der Zweigleitung 10. Endlich sei in 20 m Entfernung von der Maschine eine Zweigleitung von 140 m nach 30 Lampen hingeführt.

Bestimmung der Leitung:

Unter $\dfrac{1}{1}$ suchen wir die Zahl 300, finden in der durch
sie bezeichneten Horizontalreihe unter der Ueberschrift 40 die
Zahl 12 *mm* Durchmesser für das letzte Ende der Hauptleitung,
unter 70 die Zahl 15,5 *mm* für die Hauptleitung zwischen den
Zweigleitungen, unter 100 die Zahl 18,5 *mm* für das erste Ende
der Hauptleitung. Für die erste Zweigleitung ist das Verhältniss
$\dfrac{c}{b} = \dfrac{50}{200} = \dfrac{1}{4}$; unter der Ueberschrift $\dfrac{1}{4}$ suchen wir wieder die Zahl 300 und finden in dieser Horizontalreihe für
10 Lampen 3 *mm*, für 30 Lampen 5,5 *mm*. Das letzte Ende der
Zweigleitung wird 3 *mm*, das erste 5,5 *mm*. Die kurze Zweigleitung für die 20 Lampen in 5 *m* Entfernung wird (nach der
Ampèrezahl, oberste Horizontalreihe) 3 *mm*. Für die zweite
Zweigleitung ist $\dfrac{c}{b} = \dfrac{140}{280} = \dfrac{1}{2}$.

Unter der Ueberschrift $\dfrac{1}{2}$ suchen wir die Horizontalreihe
für 300 und finden die Zweigleitung von 7,5 *mm*.

Soll die Tabelle nicht für Glühlampen von 110, sondern
beispielsweise von 65 Volt benutzt werden, so liest man die
Längen *a* nicht unter der Rubrik $\dfrac{1}{1}$, sondern unter der rechts
befindlichen Ueberschrift „65 Volt" ab; ebenso für 72 Volt
Spannung unter der Ueberschrift „72 Volt" (Wechselstrom).
Die letzte Rubrik rechts gilt für Glühlampen von 110 Volt,
jedoch nur mit einem Stromverbrauch von 2,5 Watt pro N.K.

Handelt es sich um die Berechnung von grösseren Leitungsnetzen für Städte, so wird der Fall dadurch etwas komplicirt,
dass die Zweigleitungen (Querstrassen) der Hauptleitungen
(Hauptstrassen) sich mit einander vereinigen. Es ist jedoch
ein Irrthum, wollte man behaupten, in Folge dieses Umstandes wäre es möglich, dass die Spannungsverluste in
den Leitungen in Wirklichkeit sich anders vertheilen, als man
zu Grunde gelegt hat, weil z. B. der Strom in einer Zweigleitung in umgekehrter Richtung fliessen könne. Vielmehr
handelt es sich nur darum, dass man als äusserste Punkte für
jede Berechnung (L_a) zweckmässige Stellen wählt; der Strom
fliesst bei der zu Grunde gelegten Lampenvertheilung dann

fast genau mit den Spannungsverlusten, welche man vorgeschrieben hat.

Als Ausgangspunkte für die Berechnung gelten stets die
Hauptvertheilungspunkte. Für ein Dreileitersystem sind die
Aussenleiter ein Viertel so stark wie für das Zweileitersystem
zu wählen. Man hat daher in diesem Fall sowohl Lampen- als
Meterzahl durch 2 zu dividiren, oder die eine Zahl durch 4.
Den Innenleitern giebt man $\frac{1}{2}$ bis $\frac{1}{3}$ des Querschnittes der
Aussenleiter.

In vielen, wenn nicht den meisten Fällen, ist es bei Leitungsnetzen von Vortheil, wenn dieselben auf „Ausgleich" disponirt
sind. Das Princip des Ausgleichs beruht darauf, dass in verzweigten Leitungsnetzen, welche durch mehrere Fernleitungen
gespeist werden, zwischen den verschiedenen Vertheilungspunkten stark dimensionirte Vertheilungsleitungen liegen,
welche einen Ausgleich der Spannung in dem Falle bewirken,
wenn die Belastungen an den verschiedenen Orten unregel-
mässig sind (Ausgleichsleitungen).

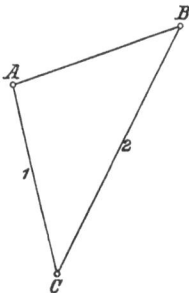 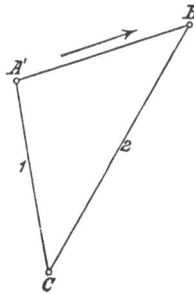

Fig. 22.   Fig. 23.

In Fig. 22 bedeuten A und B Vertheilungspunkte eines
Leitungsnetzes, welche durch je eine Fernleitung vom Werk C
aus gespeist werden, und zwar führt zu Punkt A Leitung 1
und zu Punkt B Leitung 2. Bezeichnen wir der Einfachheit
wegen die Stromstärke, welche in Punkt A verbraucht wird
mit A und diejenige, welche in Punkt B verbraucht wird
mit B, so sind die Widerstandsverhältnisse der Fernleitungen 1

6*

und 2 derartig bemessen, dass, wenn durch Fernleitung 1
A Ampère fliessen und durch Leitung 2 B Ampère, sowohl in
Leitung 1 wie in Leitung 2 der gleiche Spannungsverlust von
z. B. 20 Volt stattfindet, d. h. bei normaler Belastung der
Punkte A und B besitzen beide Punkte gleiche Spannung.

Wir setzen für die weitere Betrachtung voraus, dass die
Stromentnahme direkt in Punkt A und in Punkt B erfolgt.
Nehmen wir nun an, dass in Punkt A ein Theil der Lampen
ausgelöscht wird, so dass sich die Stromstärke hier auf A'
vermindert (siehe Fig. 23), so wird in Folge der gestörten
Gleichgewichtsverhältnisse ein Theil des Stromes, welcher
durch Leitung 1 zugeführt wird, von A nach B hinüberfliessen
und hierbei in der Ausgleichsleitung A B eine bestimmte
Spannungsdifferenz, z. B. von 1 Volt, hervorrufen.

Für den Fall, dass der Verlust in den Fernleitungen im
Verhältniss zu der zugelassenen Spannungsdifferenz zwischen
A und B sehr gross ist, kann man die Stromstärken, welche
durch Leitung 1 und 2 fliessen, angenähert setzen:

$$i_1 = \frac{A}{A+B} \cdot (A' + B)$$

$$i_2 = \frac{B}{A+B} \cdot (A' + B).$$

Da nun die durch Leitung 1 beförderte Strommenge i_1
grösser ist als A', so fliesst die Stromstärke $i_1 - A'$ nach B
hinüber durch die Ausgleichsleitung. Aus der bekannten
Länge A B, der ermittelten Ausgleichsstromstärke und der zugelassenen Spannungsdifferenz ergiebt sich der erforderliche
Ausgleichsquerschnitt.

Genau analog lassen sich bei mehr als zwei, z. B. drei
Punkten (A B C) die Gleichungen für die durch die Fernleitungen fliessenden Stromstärken aufstellen:

$$i_1 = \frac{A}{A+B+C} \cdot (A' + B + C)$$

$$i_2 = \frac{B}{A+B+C} \cdot (A' + B + C)$$

$$i_3 = \frac{C}{A+B+C} \cdot (A' + B + C).$$

Auch hier lassen sich leicht die durch die Ausgleichsleitungen fliessenden Stromstärken und somit diese Leitungen
selbst bestimmen.

Voraussetzung für die angeführten Annäherungsformeln
war, dass der Spannungsverlust in den Fernleitungen gross,
die zugelassene Spannungsdifferenz im Vertheilungsnetz aber
klein ist, sowie dass die Stromentnahme direkt in den Vertheilungspunkten erfolgt. In Wirklichkeit werden diese Voraussetzungen nicht immer erfüllt sein, da jedoch die Rechnung
den ungünstigen Fall in's Auge fasst, so kann man gewiss
sein, dass der Ausgleich in Wirklichkeit nicht schlechter ist
als berechnet.

Eine eigentlich genaue Berechnung des Ausgleichs hat
umsoweniger Werth, als für den Grad der nicht normalen Belastung sowie für die zulässige Spannungsdifferenz bestimmte
Grundlagen keineswegs vorhanden sind. Man wird sich vielmehr damit begnügen, in den Leitungsnetzen den Ausgleich
mit Hülfe der genannten Formeln mehr oder weniger genau
zu schätzen. Es ist hierbei zu beachten, dass die Spannungsdifferenz im Leitungsnetz zweckmässiger Weise sich innerhalb
derselben Grenzen bewegen soll, wie der zugelassene Spannungsverlust in den Vertheilungsleitungen selbst, und dass,
wenn der Verlust in den Fernleitungen klein ist, z. B. nur
viermal so gross als die zugelassene Spannungsverschiedenheit
in den Vertheilungsleitungen, für den Ausgleich nur cirka die
Hälfte des nach obigen Formeln berechneten Querschnitts
nothwendig ist (wegen Nichterfüllung der Voraussetzungen).
Man bedenke ferner, dass etwa vorhandene parallellaufende
Vertheilungsleitungen zwischen zwei Vertheilungspunkten im
gleichen Sinne als Ausgleichsleitungen wirken. Man kann also
für die Ausgleichsbetrachtungen die Querschnitte derselben,
event. unter Berücksichtigung der relativen Längen summiren
und dadurch komplicirte Leitungsnetze für diese Betrachtung
vereinfachen.

Verhältniss der Länge der Zweigleitung zur Rest-strecke bis zur letzten Lampe der Hauptleitung $= \frac{c}{b}$.

uptleitung bis zur letzten Lampe $= a$.

$\frac{1}{8}$	$\frac{1}{4}$	$\frac{1}{3}$	$\frac{1}{2}$	$\frac{2}{3}$	$\frac{1}{1}$	1	2	3	4	5	6	7	8	9	1
240	120	90	60	45	bis 30	0,27 / 0,6	0,53 / 1	0,80 / 1,5	1,06 / 1,5	1,33 / 1,5	1,59 / 1,5	1,86 / 2	2,12 / 2	2,39 / 2	2 / 2
280	140	105	70	53	35	0,31 / 1	0,62 / 1	0,93 / 1,5	1,24 / 1,5	1,55 / 1,5	1,85 / 2	2,16 / 2	2,47 / 2	2,78 / 2	3 / 2
320	160	120	80	60	40	0,35 / 1	0,71 / 1	1,06 / 1,5	1,41 / 1,5	1,77 / 1,5	2,12 / 2	2,47 / 2	2,82 / 2	3,18 / 2,5	3 / 2
360	180	135	90	68	45	0,40 / 1	0,80 / 1,5	1,19 / 1,5	1,59 / 1,5	1,99 / 2	2,38 / 2	2,78 / 2	3,18 / 2,5	3,57 / 2,5	3 / 2
400	200	150	100	75	50	0,44 / 1	0,88 / 1,5	1,33 / 1,5	1,77 / 2	2,21 / 2	2,65 / 2	3,09 / 2	3,54 / 2,5	3,98 / 2,5	4 / 2
440	220	165	110	83	55	0,49 / 1	0,97 / 1,5	1,46 / 1,5	1,94 / 2	2,43 / 2	2,92 / 2	3,40 / 2,5	3,89 / 2,5	4,17 / 2,5	4 / 2
480	240	180	120	90	60	0,53 / 1	1,06 / 1,5	1,59 / 1,5	2,12 / 2	2,65 / 2	3,18 / 2,5	3,71 / 2,5	4,24 / 2,5	4,77 / 2,5	5 / 3
	260	195	130	98	65	0,57 / 1	1,15 / 1,5	1,72 / 1,5	2,30 / 2	2,87 / 2	3,44 / 2,5	4,02 / 2,5	4,59 / 2,5	5,17 / 3	5 / 2
	280	210	140	105	70	0,62 / 1	1,24 / 1,5	1,85 / 2	2,47 / 2	3,09 / 2	3,71 / 2,5	4,33 / 2,5	4,94 / 3	5,56 / 3	6 / 3
	300	225	150	113	75	0,66 / 1	1,32 / 1,5	1,99 / 2	2,65 / 2	3,31 / 2,5	3,97 / 2,5	4,63 / 2,5	5,30 / 3	5,96 / 3	6 / 3
	320	240	160	120	80	0,71 / 1	1,41 / 1,5	2,12 / 2	2,82 / 2	3,53 / 2,5	4,24 / 2,5	4,94 / 3	5,65 / 3	6,35 / 3	7 / 3
	340	255	170	128	85	0,75 / 1	1,50 / 1,5	2,25 / 2	3,00 / 2	3,76 / 2,5	4,51 / 2,5	5,26 / 3	6,01 / 3	6,76 / 3	7 / 3
	360	270	180	135	90	0,80 / 1,5	1,59 / 1,5	2,39 / 2	3,18 / 2,5	3,98 / 2,5	4,77 / 2,5	5,57 / 3	6,36 / 3	7,16 / 3,5	7 / 3
	380	285	190	143	95	0,84 / 1,5	1,68 / 1,5	2,52 / 2	3,36 / 2,5	4,20 / 2,5	5,03 / 3	5,87 / 3	6,71 / 3	7,55 / 3,5	8 / 3
	400	300	200	150	100	0,88 / 1,5	1,77 / 1,5	2,65 / 2	3,53 / 2,5	4,42 / 2,5	5,30 / 3	6,18 / 3	7,06 / 3	7,95 / 3,5	8 / 3

	25	30	35	40	45	50	55	60	70	80	90	100	$\frac{1}{1}$	65 Volt	72 Volt	2,5 Watt
30	6,63 3	7,95 3,5	9,28 3,5	10,6 4	11,9 4	13,3 4,5	14,6 4,5	15,9 4,5	18,6 5	21,2 5,5	23,9 6	26,5 6	bis 30			42
18	7,73 3,5	9,27 3,5	10,8 4	12,4 4	13,9 4,5	15,5 4,5	17,0 5	18,5 5	21,6 5,5	24,7 6	27,8 6	30,9 6,5	35			49
06	8,83 3,5	10,6 4	12,4 4	14,1 4,5	15,9 4,5	17,7 5	18,4 5	21,2 5,5	24,7 6	28,2 6	31,8 6,5	35,3 7	40			56
94 5	9,93 4	11,9 4	13,9 4,5	15,9 4,5	17,9 5	19,9 5,5	21,8 5,5	23,8 6	27,8 6	31,8 6,5	35,7 7	39,7 7,5	45		29	63
34 5	11,1 4	13,3 4,5	15,5 4,5	17,7 5	19,9 5,5	22,1 5,5	24,3 6	26,5 6	30,9 6,5	35,4 7	39,8 7,5	44,2 8	50	30	33	70
72	12,2 4	14,6 4,5	17,0 5	19,4 5	21,9 5,5	24,3 6	26,7 6	29,2 6,5	34,0 7	38,9 7,5	41,7 7,5	48,6 8	55	33	36	77
5	13,3 4,5	15,9 4,5	18,6 5	21,2 5,5	23,9 6	26,5 6	29,2 6,5	31,8 6,5	37,1 7	42,4 7,5	47,7 8	53,0 8,5	60	35	39	84
5	14,4 4,5	17,2 5	20,1 5,5	23,0 5,5	25,8 6	28,7 6,5	31,6 6,5	34,4 7	40,2 7,5	46,0 8	51,7 8,5	57,4 9	65	38	43	91
4	15,5 4,5	18,5 5	21,6 5,5	24,7 6	27,8 6	30,9 6,5	33,9 7	37,1 7	43,3 7,5	49,4 8	55,6 8,5	61,8 9	70	41	46	98
2 5	16,6 5	19,9 5,5	23,2 5,5	26,5 6	29,8 6,5	33,1 6,5	36,4 7	39,7 7,5	46,3 8	53,0 8,5	59,6 9	66,2 9,5	75	44	49	105
5	17,7 5	21,2 5,5	24,7 6	28,2 6	31,8 6,5	35,1 7	38,6 7,5	42,4 7,5	49,4 8	56,5 8,5	63,5 9	70,6 9,5	80	47	52	112
5	18,8 5	22,5 5,5	26,3 6	30,0 6,5	33,8 7	37,6 7	41,3 7,5	45,1 8	52,6 8,5	60,1 9	67,6 9,5	75,1 10	85	50	56	119
5	19,9 5,5	23,9 6	27,8 6	31,8 6,5	35,8 7	39,8 7,5	43,7 7,5	47,7 8	55,7 8,5	63,6 9	71,6 10	79,5 10	90	53	59	126
3	21,0 5,5	25,2 6	29,4 6,5	33,6 6,5	37,8 7	42,0 7,5	46,1 8	50,3 8,5	58,7 9	67,1 9,5	75,5 10	83,9 10,5	95	56	62	133
7	22,1 5,5	26,5 6	30,9 6,5	35,3 7	39,7 7,5	44,2 7,5	48,6 8	53,0 8,5	61,8 9	70,6 9,5	79,5 10,5	88,3 11	100	59	66	140

440	330	220	165	110	0,97 / 1,5	1,94 / 2	2,91 / 2	3,89 / 2,5	4,86 / 2,5	5,83 / 3	6,80 / 3	7,77 / 3,5	8,74 / 3,5	9 / 4
480	360	240	180	120	1,06 / 1,5	2,12 / 2	3,18 / 2,5	4,24 / 2,5	5,30 / 3	6,36 / 3	7,42 / 3,5	8,48 / 3,5	9,54 / 3,5	10 / 4
	390	260	195	130	1,15 / 1,5	2,30 / 2	3,34 / 2,5	4,59 / 2,5	5,74 / 3	6,89 / 3	8,04 / 3,5	9,18 / 3,5	10,3 / 4	11 / 4
	420	280	210	140	1,24 / 1,5	2,47 / 2	3,71 / 2,5	4,94 / 3	6,18 / 3	7,42 / 3,5	8,65 / 3,5	9,89 / 4	11,1 / 4	12 / 4
	450	300	225	150	1,33 / 1,5	2,65 / 2	3,98 / 2,5	5,30 / 3	6,63 / 3	7,95 / 3,5	9,28 / 3,5	10,6 / 4	11,9 / 4	13 / 4
	480	320	240	160	1,41 / 1,5	2,83 / 2	4,24 / 2,5	5,65 / 3	7,07 / 3	8,48 / 3,5	9,89 / 4	11,3 / 4	12,7 / 4,5	14 / 4
		340	255	170	1,50 / 1,5	3,00 / 2	4,50 / 2,5	6,00 / 3	7,51 / 3,5	9,01 / 3,5	10,5 / 4	12,0 / 4	13,5 / 4,5	15 / 4
		360	270	180	1,59 / 1,5	3,18 / 2,5	4,77 / 2,5	6,36 / 3	7,95 / 3,5	9,53 / 3,5	11,1 / 4	12,7 / 4,5	14,3 / 4,5	15 / 4
		380	285	190	1,68 / 1,5	3,36 / 2,5	5,03 / 3	6,71 / 3	8,39 / 3,5	10,1 / 4	11,7 / 4	13,4 / 4,5	15,1 / 4,5	16 / 5
		400	300	200	1,77 / 1,5	3,53 / 2,5	5,30 / 3	7,06 / 3	8,83 / 3,5	10,6 / 4	12,4 / 4	14,1 / 4,5	15,9 / 4,5	17 / 5
		500	375	250	2,21 / 2	4,42 / 2,5	6,62 / 3	8,83 / 3,5	11,0 / 4	13,2 / 4,5	15,5 / 4,5	17,7 / 5	19,9 / 5,5	22 / 5
			450	300	2,65 / 2	5,30 / 3	7,95 / 3,5	10,6 / 4	13,3 / 4,5	15,9 / 4,5	18,6 / 5	21,2 / 5,5	23,9 / 6	26 / 6
			525	350	3,09 / 2	6,18 / 3	9,28 / 3,5	12,4 / 4	15,5 / 4,5	18,6 / 5	21,6 / 5,5	24,6 / 6	27,8 / 6	30 / 6
				400	3,53 / 2,5	7,06 / 3	10,6 / 4	14,1 / 4,5	17,7 / 5	21,2 / 5,5	24,7 / 6	28,2 / 6	31,8 / 6,5	35 / 7
				500	4,42 / 2,5	8,84 / 3,5	13,3 / 4,5	17,7 / 5	22,1 / 5,5	26,5 / 6	30,9 / 6,5	35,4 / 7	39,8 / 7,5	44 / 7
				Hauptleitung	1	2	3	4	5	6	7	8	9	10

Zu: Corsepius, Leitfaden. 2. Auflage.

25	30	35	40	45	50	55	60	70	80	90	100	Hauptleitung			
24,3 6	29,1 6,5	34,0 7	38,9 7,5	43,7 7,5	48,6 8	53,4 8,5	58,3 9	68,0 9,5	77,7 10	87,4 11	97,1 11,5	110	65	72	154
26,5 6	31,8 6,5	37,1 7	42,4 7,5	47,7 8	53,0 8,5	55,8 8,5	63,6 9	74,2 10	84,8 10,5	95,4 11,5	106 12	120	71	79	168
28,7 6,5	33,4 7	39,2 7,5	45,9 8	51,7 8,5	57,4 9	63,1 9	68,9 9,5	80,4 10,5	91,8 11	103 11,5	115 12,5	130	77	85	182
30,9 6,5	37,1 7	43,3 7,5	49,4 8	55,6 8,5	61,8 9	68,0 9,5	74,2 10	86,5 10,5	98,9 11,5	111 12	124 13	140	83	92	196
33,1 6,5	39,8 7,5	46,4 8	53,0 8,5	59,6 9	66,3 9,5	72,9 10	79,5 10,5	92,8 11	106 12	119 12,5	133 13	150	89	98	210
35,3 7	42,4 7,5	49,5 8	56,5 8,5	63,6 9	70,7 9,5	77,7 10	84,8 10,5	98,9 11,5	113 12	127 13	141 13,5	160	94	105	224
37,5 7	45,0 8	52,5 8,5	60,0 9	67,5 9,5	75,1 10	82,6 10,5	90,1 11	105 12	120 12,5	135 13,5	150 14	170	100	112	238
39,7 7,5	47,7 8	55,6 8,5	63,6 9	71,5 10	79,5 10,5	87,4 11	95,3 11,5	111 12	127 13	143 13,5	159 14,5	180	106	118	252
42,0 7,5	50,3 8	58,7 9	67,1 9,5	75,5 10	85,9 10,5	92,3 11	101 11,5	117 12,5	134 13,5	151 14	168 15	190	112	125	266
44,2 7,5	53,0 8,5	61,8 9	70,6 9,5	79,5 10,5	88,3 11	97,1 11,5	106 12	124 13	141 13,5	159 14,5	177 15	200	118	131	280
55,2 8,5	66,2 9,5	77,3 10	88,3 11	99,4 11,5	110 12	121 12,5	132 13	155 14,5	177 15	199 16	221 17	250	148	164	350
66,3 9,5	79,5 10,5	92,8 11	106 12	119 12,5	133 13	146 14	159 14,5	186 15,5	212 16,5	239 17,5	265 18,5	300	177	196	420
77,3 10	92,8 11	108 12	124 12,5	139 13,5	155 14,5	170 15	186 15,5	216 17	246 18	278 19	309 20	350	207	230	490
88,3 11	106 12	124 13	141 13,5	159 14,5	177 15	194 16	212 16,5	247 18	282 19	318 20	353 21,5	400	236	262	560
111 12	133 13	155 14,5	177 15,5	199 16	221 17	243 18	265 18,5	309 20	354 21,5	398 23	442 24	500	295	328	700
25	30	35	40	45	50	55	60	70	80	90	100	Hauptleitung			

www.ingramcontent.com/pod-product-compliance
Lightning Source LLC
Chambersburg PA
CBHW031450180326
41458CB00002B/718

9 783486 727005